汉竹主编 ● 健康爱家系列

烘焙面包
一次成功

薄灰 著

U0363092

汉竹图书微博
http://weibo.com/hanzhutushu

江苏凤凰科学技术出版社
全国百佳图书出版单位

自序

PREFACE

　　与烘焙的情缘说长不长，说短也不短。从小就喜欢吃蛋糕，更喜欢看蛋糕的制作过程，妈妈做蛋糕的时候我总会黏在她身边，碍手碍脚的我常会被妈妈"赶出"厨房。可能就是从那时开始，我和美食和烘焙之间就开始了难解的缘分吧。

　　大学的时候，身边的女生喜欢看偶像剧和爱情小说，我却成天在美食论坛里默默"潜水"，看着文怡姐、梅子姐、远方的雪花等美食博主每天在论坛里分享着自己的菜肴。那时的我，纯粹只是喜欢看，喜欢享受她们文字所记录的烟火气息，没事也会用电脑摄像头(一不小心透露了年龄)拍摄自己做的家常菜或小点心。

　　我毕业后有了自己的小家和自己的孩子，终于，烘焙的心彻底爆发了，而其中最爱的，就是面包了。虽然面包耗时长，但是看着一个个有生命力的面团在烤箱里生长，我就会有很大的成就感。常有粉丝问我对自己做的哪款面包或点心最满意，我会下意识地回答："下一个会更好。"

　　面包带给我的真正快乐，还是来自于家人吃着我做好的面包时那快乐的模样。一直记得女儿还在幼儿园的时候，她放学回来，我递给她亲手做的面包，再抹上自己做的花生酱，满屋都是浓浓的花生香味。当我转身在厨房里忙别的事情时，我的小女生突然问："妈妈，谁是世界上做面包最好的人?"我说："妈妈也不知道。""我觉得是妈妈，没有人比妈妈做的更好了，妈妈就是个大厨师!"

　　对于一个妈妈来说，谁的赞扬都不如女儿的赞扬动听，能做女儿心目中的NO.1，就是我最大的成功。通过这本面包书，我想和你分享这一份美好的心情，希望你和我一样做出带给家人幸福感的面包。

薄林

2018 年 2 月

目录
Contents

Part 1 第一次做面包就成功

Part2 零基础新手入门

Part3 是时候晋级了

Part 4 修炼成面包控

附录：了不起的酱料

Part 1

第一次做面包就成功

做面包，你必须知道的事

高筋面粉

酵母

必备的基础材料

高筋面粉

制作面包的"主力军"，高筋面粉因为其蛋白质含量高于11.5%而得名。高筋面粉和水结合，在揉面团过程中产生的面筋能形成面包独特的嚼劲和口感。需要注意的是，不同品牌的高筋面粉吸水性、筋度、延展性都略有差异。本书中所用的高筋面粉品牌为金像、王后和日清等，供大家参考。

酵母

一般使用即发干酵母，除此之外，还有耐高糖酵母，适合用在含糖量(糖占粉的比例)7%以上的面团。酵母的具体用量要根据配方，如果放得太多，虽然发酵速度快，但是会有股酵母味道，影响面包口感。开封后，要用夹子夹好包装袋，尽量避免袋内有过多空气，放在冰箱里冷藏保存最好。本书中所用的酵母品牌为乐斯福燕牌即发干酵母。

细砂糖

细砂糖

颗粒细小，很容易溶化在液体中。可以增加面包风味，并且有助于发酵。也可以用绵白糖来代替。

黄油

黄油

黄油是从牛奶里提炼出来的，制作面包时添加适量，能提高面团的延展性，改善面包组织，很好地提升口感和增加香味。本书中使用的多为无盐黄油，不用时需要将其冷冻保存。

水

面包的面团组织要靠水来滋润，面粉只有靠水才能产生筋度，而酵母也只有遇到水才能使面团发酵、产生气体来使面团膨胀。所以水是制作面包必不可少的原料。牛奶、淡奶油、鸡蛋、蜂蜜都含有不同比例的水，因此有时看似加入的水很少，其实另一些材料里已经含有水了。

奶粉

可以给面包增添风味，低脂或全脂的都可以，一般在面团内的用量在8%以内。

盐

使用家里炒菜的盐即可，在面包制作时，添加少许盐不仅可以调和口味，还有强化面筋、控制面团发酵速度、抑制杂菌繁殖等作用，是面团里不可缺少的原料。

奶粉

盐

全麦面粉

红曲粉

抹茶粉

其他原料

全麦面粉

全麦面粉是由整粒小麦研磨成的，麦香味浓郁。它保留整粒小麦相同比例的胚乳、麸皮及胚芽等成分。因此全麦面粉营养丰富，是天然健康的营养食品。但是全麦面粉的口感比一般面粉粗糙，因此添加在面包里，比例不宜超过面粉总量的40%。

低筋面粉

蛋白质含量比较低，适合制作蛋糕、饼干。在制作面包时添加适量的低筋面粉，可以调整面团的筋度，使形成的面筋变软，并且面包的口感嚼劲也会减弱一些。

可可粉

可可粉含有可可脂，具有浓烈的可可香气，可用于高档巧克力、冰激凌、糖果、糕点及其他含可可的食品。

抹茶粉

具有独特的香味，可以作为一种营养强化剂和天然色素添加剂，用来制作面包可以增加面包的风味和色泽。此外，它含有人体所必需的营养成分和微量元素。

杏仁粉

由整粒的杏仁研磨得来，常用在蛋糕和饼干中，制作面包时适量添加，能给面包带来丰富的口感。

黑麦粉

黑麦粉源自黑小麦，其中所含的蛋白质、脂肪、淀粉、氨基酸总量均高于普通小麦，用来制作面包，可以更好地增加营养。

黑麦粉

红曲粉

红曲是用米蒸制后接种红曲菌种发酵繁殖的，经粉碎后成为红曲粉，多用于给食物上色，是天然的食用色素。

红糖

红糖不如细砂糖般颗粒分明，质感会细润一些。它除了含有蔗糖外，还含有糖蜜、焦糖等其他物质，因其口感特别，可用来制作一些具有独特风味的面包。

可可粉

杏仁粉

红糖

炼乳

"浓缩奶"的一种，是将鲜奶经真空浓缩或其他方法除去大部分的水分，浓缩至原体积25%～40%的乳制品，用在面包中可以增添风味。

片状黄油

炼乳

片状黄油

含水量相比一般黄油要少，熔点也不同，可以用来制作起酥面包。

动物性淡奶油

动物性淡奶油

由牛奶制作而来，但是脂肪含量比牛奶高很多，如果做面包的时候加一些，可以使面包更香浓可口。但是由于所含的脂肪会降低筋度，所以需要注意使用量。另外不要用植物性奶油来代替动物性淡奶油。

蜂蜜

用在面包里可以发挥很好的保湿性、柔软性，是天然的面包添加剂。

蜂蜜

酸奶

是以新鲜的牛奶为原料，经过有益菌发酵而成。用在面包里，是很好的天然面包添加剂。

鸡蛋

鸡蛋里的蛋白质可与面粉中的蛋白质结合，提高面团的筋度，让面包成品更蓬松、高大、有弹性。还可以用来刷面包表面，刷过蛋液的面包烤后颜色金黄明亮，会更好看。面团里使用全蛋液较多，也可以单独使用蛋清或蛋黄。鸡蛋也可以为面团提供水分。

鸡蛋

酸奶

奶油奶酪

制作奶酪蛋糕的主要材料，本书里多用在面包的馅料里，给面包增加风味，也可以添加在面团里使用。

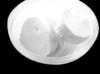

奶油奶酪

牛奶

牛奶里的蛋白质可以提高面团筋度，让面包成品更蓬松、高大、有弹性，并且牛奶中的乳糖还会让面团更易上色。

马苏里拉奶酪

制作比萨的必备原料，须冷冻保存，使用前要自然解冻至软。

马苏里拉奶酪

牛奶

口碑级馅料

杏仁片

杏仁片

　　由整粒的杏仁切片而成，适合添加在糕点中，也可用作面包表面的装饰。

肉松

　　咸甜的口感能够增加面包风味，用在面包表面或内部都可以。

肉松

即食燕麦片

　　可以直接用沸水冲泡食用，添加在面包里，可以增添其口感和营养，一般超市有售。

即食燕麦片

小麦胚芽

　　呈金黄色颗粒状，胚芽是小麦生命的根源，是小麦中营养价值最高的部分，可以添加在面包中增加营养和口感。

小麦胚芽

巧克力豆

　　制作巧克力口味面包，可以揉在面团里或包馅使用。

巧克力豆

葡萄干

　　由新鲜葡萄风干而成，可以增加面包的口感。

葡萄干

蔓越莓干

　　蔓越莓又称蔓越橘、小红莓，经常用于面包、糕点的制作，可以增添烘焙甜品的口感。

蔓越莓干

芝麻

　　可以撒在面包表面，或者加入面团内使用。

芝麻

椰蓉

蜜豆

　　由各种豆类煮熟、糖渍后制成，可以购买市售真空包装产品，也可以自己制作。

蜜豆

椰蓉

　　由椰子果实制作而成，可以作为面包的夹心馅料，有独特风味。

常用的烘焙工具

烤箱

烤箱

如果做需要整形的面包，那么就需要烤箱来烤。家用烤箱最好选择30升以上的，上下管能分开调控温度更好。

面包机

面包机

顾名思义，就是能制作面包的机器。根据机器设置的程序，放入配料，面包机可以自动完成和面、发酵、烘烤等一系列程序，最终得到松软可口的面包，多用于制作吐司。

厨师机

厨师机

相比于面包机，厨师机的功率更大，搅拌面团的效率更高，可以一次性搅拌更多的面糊或面团。有条件的话可以直接入手厨师机，安装配件后厨师机还可以榨汁、绞肉末、压面条等。

吐司模

烤吐司的模具，除了在烤箱里使用，也可以放在某些面包机桶内烘烤吐司。我常用的有450克方形吐司模以及心形、梅花吐司模。

方形波纹吐司模

方形烤盘

用来做排包，最好选择不粘材质，既可以使做出的面包底面平整，又方便脱模。

厨房秤

在称原材料和分割面团时都会使用到，推荐使用能精确到0.1克的厨房电子秤，这样称量盐、酵母这样用量少的原料时，不会因为称量不准影响面团状态。

方形烤盘

面粉筛

可以用来给面包表面筛装饰糖粉等。

量杯

用来量液态食材的工具。

厨房秤

厨房电子秤

面粉筛

量杯

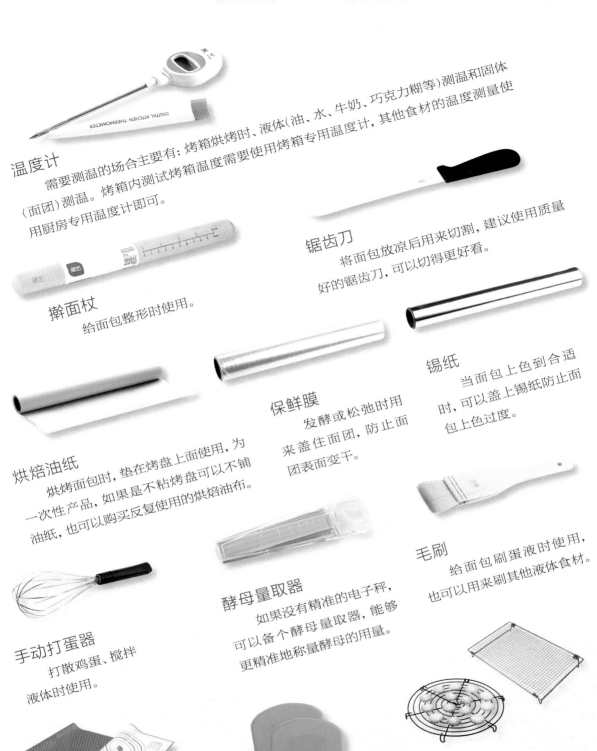

温度计
　　需要测温的场合主要有：烤箱烘烤时、液体(油、水、牛奶、巧克力糊等)测温和固体(面团)测温。烤箱内测试烤箱温度需要使用烤箱专用温度计，其他食材的温度测量使用厨房专用温度计即可。

锯齿刀
　　将面包放凉后用来切割，建议使用质量好的锯齿刀，可以切得更好看。

擀面杖　给面包整形时使用。

锡纸
　　当面包上色到合适时，可以盖上锡纸防止面包上色过度。

烘焙油纸
　　烘烤面包时，垫在烤盘上面使用，为一次性产品，如果是不粘烤盘可以不铺油纸，也可以购买反复使用的烘焙油布。

保鲜膜
　　发酵或松弛时用来盖住面团，防止面团表面变干。

毛刷
　　给面包刷蛋液时使用，也可以用来刷其他液体食材。

酵母量取器
　　如果没有精准的电子秤，可以备个酵母量取器，能够更精准地称量酵母的用量。

手动打蛋器
　　打散鸡蛋、搅拌液体时使用。

硅胶垫
　　用于给面包整形，容易清洗和收纳，是面包制作的必备工具。

刮板
　　分割面团或者刮下案板上的面团，弧形刮板端可以将面团从搅拌盆中更方便地取出。

晾网
　　面包烤好后，需要立刻从模具中取出，放至晾网上冷却，否则会因为余热导致面包底部潮湿而影响口感。

面包制作基础过程

称料→揉面→基础发酵(第一次发酵)→排气→分割→滚圆→中间松弛(醒发)→整形→最后发酵(二次发酵)→烘烤前装饰→烘烤→冷却、保存

称料

在烘焙前,需要准确称量每一种材料,尤其是用量较少的盐和酵母,在称量时要注意精确,建议使用克数精确到0.1克的电子秤来称量。但需要注意的是,做面包时液体的量不是一成不变的,需要根据不同面粉的吸水性来做适当调整。

揉面

即混合材料将面团糅合,通过反复揉面,强化面团内部的蛋白质,使面粉内的麸质组织得以强化,形成网状结构。这个网状结构就被称作麸质网状结构薄膜,俗称"出膜"。

厨师机揉面

➤ 把除黄油以外所有的面团材料放入搅拌桶内**1**,用筷子将所有材料混合**2**,或者开启慢速搅拌均匀**3**。慢速大致搅拌成团后,开启中速搅拌成光滑的面团,此时面团出现筋性,可以拉出较厚的易破薄膜**4**。

➤ 加入软化黄油(注意是软化黄油,不是熔化的黄油)**5**,用慢速将黄油搅入面团内并被吸收**6**。

➤ 转中速继续搅拌到面团光滑、具有延展性。此时面筋完全形成,面团光滑**7**,可以轻易脱离搅拌桶。如果需要添加坚果等配料,可以在这时加入,用慢速将配料搅入面团中,稍微拌匀即可,或者用手将配料揉匀。切忌长时间搅拌,以免配料析出水分而影响面团。

➤ 取一块面团检查:可以拉出稍微透明的薄膜,此时薄膜不够坚固,容易破洞,面团达到"扩展"阶段**8**,就可以制作普通面包了;可以拉出大片结实不易破裂的透明薄膜**9**,即使捅破薄膜,破洞边缘呈现光滑状,此时面团达到"完全"阶段,可以制作吐司(制作普通面包当然也可以,面包口感会更好)。

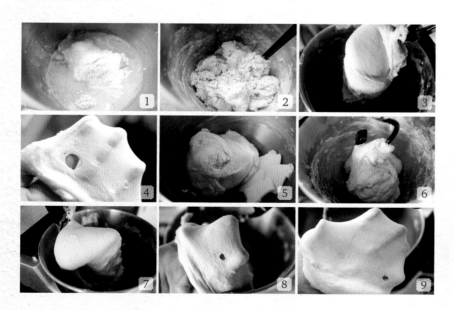

面包机揉面

面包机的自带食谱上会标注先放湿性材料，再放干性材料，最后放酵母，如果用"预约"功能，则需要这样添加，防止酵母提前溶于水中而影响发酵。但如果是现做面包，不论先放哪种材料都可以。以下是使用面包机揉面的过程。

➤ 先将除黄油以外所有的液体食材放入面包机桶内 **1**，再加入面粉、糖、酵母这类干性材料 **2**。

➤ 启动面包机"和面"程序，大约20分钟后，"和面"程序停止，这时面团比较光滑 **3**。

➤ 取一块面团，慢慢拉开，可以拉出较厚的薄膜 **4**。

➤ 加入软化黄油，再次启动"和面"程序，继续搅拌，揉20分钟左右，至面团呈光滑、柔软、有弹性状态。

➤ 取一块面团检查面团状态：拉出面团两端，上下左右慢慢均匀地拉扯面团，能拉出薄膜，但是膜不够坚固，容易破洞，此时面团达到"扩展"阶段 **5**，可以制作普通的整形面包；可以拉出大片结实不易破裂的透明薄膜，即使捅破薄膜，破洞边缘呈现光滑状，此时面团达到"完全"阶段 **6**，可以制作吐司。

➤ 揉面完成后，可以添加坚果或果干等配料，开启"和面"程序混合，稍微拌匀后取出，再结合手工揉匀，尽可能地将食材包裹在面团内部，不要将食材裸露在外。

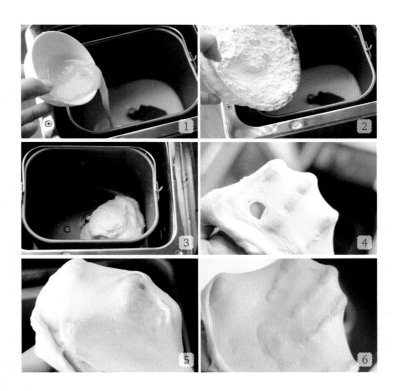

由于每款面包机的和面功率不同，如果1个和面程序达不到要求，可以继续延长和面时间。揉面时的温度很重要，因为摩擦搅拌时会产生热，并且环境温度高也会导致面团温度过高而影响揉面效果。春夏季节或天较热时，需将鸡蛋、牛奶、水等液体冷藏后使用，并且开着面包机的盖子揉面，防止面团温度过高而提前发酵影响出膜。如有温度计，可以测一下成品面团温度，一般应控制在28℃左右。

做面包对新手是挑战，因为面包里有生命，气温每升高1℃、水分每增加一点、双手力道每大一分，面团都能感知，再吞吐成千变万化的表皮和内心。

基础发酵

当酵母揉入面团后，酵母菌会和面团里的糖、淀粉发生反应，产生碳酸气体和香味，然后这种成分进入麸质网状结构薄膜后，面团就会开始膨胀，这个过程就是发酵。

如果说面揉好了就是成功了一半，那么发酵则是面包成功的另一半重要因素。

在进行基础发酵时，不管是放在盆中还是面包机桶内，都需要覆盖保鲜膜，防止表皮过干。在温度不适宜发酵时，可以利用烤箱、面包机的发酵功能。

发酵前

将整理收圆的面团放入盆中**1**，覆盖上保鲜膜进行基础发酵。

发酵完成

目测面团体积增至2~2.5倍大，面团顶部呈现弧形**2**，用手轻触能明显感觉到面团内的气体。

发酵过度

戳小洞后，面团塌陷，并且产生很多气泡。这样的面团，即使烤出来口感也不好，并且不容易上色。

排气

排气就是把面团发酵过程中产生的气体排出来，可以用手按压面团排气，也可以借助擀面杖排气。方法就是将面团放在撒了少许高筋面粉的案板上，用擀面杖从中间向四周将面团压平 。

分割

排气后要将面团分割成小块，方便下一步整形。先称出面团总重量，然后用刀或刮板切割出等量的面团 。用刀或者刮板分割时动作要快一些，不能撕碎或者拽长面团，那样会破坏面团已经形成的麸质网状结构。

滚圆

面团分割后，为了后续拥有更好的造型，需要将分割好的面团搓圆，这一步动作也要快速。小面团的滚圆方法是用右手包裹住面团，利用拇指指腹和手掌外侧在案板上揉搓后滚至面团表面光滑。大面团滚圆方法是用双手包裹住面团前端向内移动，卷至面团光滑 。

初学者如果掌握不好滚圆，也可以通过以下方法将面团收圆：将面团的光滑面朝上，用手将四周捏向底部，直到面团表面光滑紧绷，捏紧底部收口即可。

中间松弛

滚圆后的面团不能马上整形，否则面团表面会紧绷，用擀面杖擀开后面团会回缩，所以需要把面团静置一会，等面团表面扩张 ，这一步就是中间松弛(醒发)。松弛后的面团延展性很好，很容易就能擀开。松弛时间为10~15分钟，需要覆盖上保鲜膜，防止面团表面水分蒸发。

没什么比面包更诚实了，它膨胀起来的过程你仔细观察、用心对待，出来的作品就会好；弄两下扔在一边，它永远也不可能美味。

整形

整形就是将面团处理成烘烤前的形状。不同的整形方法，所制作的面包形状和口感都不同。面包能变化的形状非常多，不同的造型都能给制作面包带来不同的乐趣，这也正是品尝面包美味之余的其他快乐。

面包的整形，可以借助不同的模具呈现不同的造型，也可以直接整理好造型铺在烤盘上烘烤。常见的面包造型有：圆形、橄榄形、长条形（可以做成辫子、花环，以及卡通造型等）和方形（可以直接铺上馅料烘烤，也可以抹上馅料叠加，还可以抹上馅料后包入或卷起）。

最后发酵

将整形好的面团排放在模具内或者烤盘上，盖上保鲜膜进行最后发酵。最后发酵的温度在30~38℃，相对湿度75%~80%（如果家中没有发酵箱也没关系，可以将盖有保鲜膜的面团放在烤盘上，放入烤箱中层，再在烤箱下层放一烤盘热水），当整形好的面团膨胀到原本大小的1.5~2倍时，表示最后发酵完成。一般来说，经过最后发酵的面团会达到烘烤后成品的80%~90%大小，烘烤后还会继续膨胀的面团才能形成好面包。

烘烤前装饰

面团最后发酵结束后，为了让制作出的面包更美观，我们可以给面团作一些烘烤前的装饰，这样不仅使面包成品更诱人，还能使面包的口感更加丰富。

·刷蛋液：将鸡蛋打散，最好再过筛一下，将羊毛刷充分浸透，刮去多余的蛋液。将毛刷与蛋液呈30°斜角（不要垂直去刷），利用毛刷的腹部轻轻刷在面团表面。刷的时候注意薄厚均匀，防止成品上色不一样。

·撒香酥粒、坚果等：刷完蛋液后，可以再撒一些坚果、杂粮之类的颗粒装饰，不仅可以增加装饰效果，还可以增添风味。

·割刀口：割刀口（又称割包）可以释放面团内部分气体，因此面团烘烤膨胀后割痕处充分张开，可以产生很漂亮的纹理。割刀口时一定要干脆利落，一刀带过，否则刀片会被面团粘住，割口也会不好看。

每个面团从开始到完成，都是在讲述一个故事。有安宁平稳，有曲折跌宕，有慢慢等待，有喜悦惊艳，当它们从烤箱被取出的时候，传递的是幸福的温度。

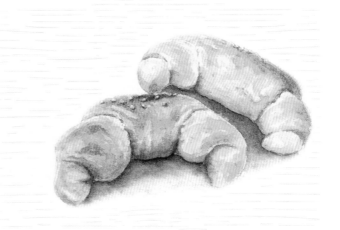

一块刚出炉的、热气腾腾的面包被端上了餐桌，它正全力向着生命中最完满的一刻冲刺——各种分子转化成层次复杂耐人寻味的味道，等待着你的舌头品鉴。

烘烤

最后发酵完成并且装饰好之后就可以开始烘烤了。别看烘烤的时间比起前面步骤的操作时间短多了，但是烘烤同样是做面包里非常重要的一步。如果没掌握好烘烤时间，一样会前功尽弃。"烘烤过度"或者"烘烤不足"都会影响面包的口感。

烤箱烘烤注意事项

· 烘烤面包的烤箱一定要预热! 保证面团进入烤箱时烤箱内部达到足够的温度。家用烤箱一般预热时间为10分钟，这样当面团进入预热好的烤箱，就不会因为烤箱温度缓慢上升而导致发酵过度。

· 烘烤温度和时间要根据自家烤箱来调整。因为家用烤箱的温度存在差异，并且面团的大小也不一样，所以烘烤时间要根据自家烤箱的"脾气"来调整，中途多观察，上色合适后要及时加盖锡纸。

· 检查烘烤是否到位。除了根据面团上色情况来判断，还可以采取按压的方式，用手指按压面包表面，面包很有弹性，凹印可以马上回弹就是烤好了，反之就是没烤到位。

· 烤好的面包要立刻取出，脱模放在晾网上放凉，绝对不可以放在烤箱里继续用余温焖，否则会上色过度，并且水分流失。烤好的面包要取出放在晾网上，这样底部有空隙可以散热，不会受水汽影响导致其潮湿。

· 刚烤好的面包内部富含水汽，非常柔软，因此很难切好，需要等到面包冷却后再切割。

做面包虽然不能缺乏知识和技术，但光是如此仍是不足，它还含有情感的部分，每个面团里都融入了个人独一无二的情感，要变化出什么花样，都在你我的手掌之中。

面包机烘烤注意事项

·启动面包机的烘烤程序，有些面包机可以设定时间和烧色，有些则是设定好的时间不能更改。我们可以根据自家面包机的特性来选择适合的时间，本书中所使用的面包机烘烤时间一般在38~45分钟，烧色为"中"。

·对于不能更改烘烤时间的面包机，在观察到烘烤已经完成时，可以提前结束烘烤，防止面包因为烤的时间过久而外壳干硬。或者用锡纸将面包机外桶包裹起来，只留底部旋转接口处不包，这样也可以有效防止面包表皮过于干硬。

·烘烤结束后，需要立刻将面包取出。戴上隔热手套将面包机桶取出，小心地将面包倒出，放在晾网上晾至手心温度后，装袋密封保存。否则会因为机器内的余热和蒸汽而导致面包回缩影响口感。

冷却、保存

刚出炉的面包，放在晾网上冷却到和手心差不多温度时，就可装入大号保鲜袋或者保鲜盒内，密封装好放置一夜后，面包的水分会分布均匀，所以外壳也会变软，口感也达到最好的时候。如果第二天面包干硬口感不好，那是因为面包本身还是没有制作成功。

如果2天内可以吃完，室温保存就可以了。暂时吃不掉的面包可以装入保鲜袋冷冻起来。吃的时候取出自然解冻，喷少许水，烤箱150℃烤3~4分钟，面包会和新鲜出炉的一样好吃。还可以用微波炉转一小会，但是要掌握好时间，避免加热过度导致面包变干。

千万不可将新鲜的面包放入冰箱中冷藏，因为面包一旦出炉就开始老化，在0~10℃的温度下老化速度最快，冷藏会加速面包中淀粉的老化，吃起来又干又硬，还容易掉渣。

面包面团的制作

直接法

　　顾名思义，就是将所有面团材料混合（一般适合植物油、液态油脂的面包制作），经过搅拌后完成发酵，然后根据需要进行面团的分割、滚圆、整形，最后完成烘烤。这是最常用的一种面包制作方式，优点是可以缩短制作面包的时间，缺点是相比其他方法做出来的面包更容易老化。不过可以在食材里添加一些增加保湿性和抗老化的食材，例如酸奶、蜂蜜、南瓜等。

后油法

　　在面团搅拌至刚刚出筋后再加入黄油混合搅拌，这种方法称为后油法。相比于直接法，后油法制作的面团出筋更快。

后油法示意

　　面团材料：高筋面粉200克、低筋面粉50克、细砂糖20克、盐3克、酵母3克、全蛋液30克、牛奶132克、无盐黄油25克

➤ 将除无盐黄油以外所有的面团材料放入机器内 **1**。

➤ 启动和面程序，1个和面程序结束后，面团揉到了表面略光滑的状态 **2**（可以拉出较厚的膜，并且裂洞边缘是不圆滑的），这个时候加入软化的黄油 **3**，再次启动和面程序。

➤ 第2个和面程序结束后，面团揉至光滑的状态 **4**（可以拉出大片透明结实的薄膜状的完全阶段）。

➤ 将面团收圆，盖上保鲜膜开始基础发酵，放在温暖湿润处发酵至原来的2~2.5倍大。

中种法

　　将直接法的材料分成两份,将其中一份材料先搅拌成团,就是我们所说的"中种面团",让它先发酵1.5~3小时,温度以25~28℃最为合适,或者也可以采用冷藏发酵十几个小时的方式。发酵好的中种面团再与剩余的主面团材料混合揉成面团,之后的制作步骤与直接法相同。中种面团一般占所有材料的50%~70%,所以也可以把直接法换成中种法来制作。

　　中种法制作的面包虽然所需时间比较长,但如果合理利用好面团的发酵时间会比直接法更省时,并且面包组织柔软稳定也更细腻有弹性,保湿性和抗老化性也比直接法要更好。

中种法示意

中种面团材料:高筋面粉125克、酵母2.5克、牛奶100克

主面团材料:高筋面粉125克、细砂糖20克、全蛋液25克、盐4.5克、水40克、无盐黄油20克

➤ 将中种面团材料全部混合 **1**。

➤ 大致揉成团,盖上保鲜膜,室温发酵半小时。

➤ 放入冰箱冷藏发酵,大约发酵17小时,至原来的2.5倍大,面团内部充满蜂窝状气孔(每家冰箱温度不同,并且发酵室温也不同,所以发酵时间和面团发酵状态都会有区别,以面团状态为准来调节时间)。

➤ 将发酵好的中种面团撕成小块,与主面团除无盐黄油以外的所有材料一起混合 **2**。

➤ 揉至面团光滑略有筋度时加入软化黄油,继续揉到能拉出较为结实的透明薄膜状 **3**。

➤ 将面团收圆放入盆中,盖上保鲜膜进行基础发酵,在温暖湿润处发酵约2.5倍大 **4**,用手指蘸面粉戳个洞,洞口不会马上回缩或塌陷即发酵好了。

自制面包,也许跟它的长相和滋味并无多大关系,那一口最打动你的安心之味,才是这个世界上最不可取代的美味。

液种法

　　将面包配方里一定量的面粉、水、酵母混合拌匀，因为液种面团里水分含量很高，所以无需揉面，拌匀即可。经过充分低温发酵到中间塌陷的程度，之后再与主面团一起搅拌，后续做法与直接法相同。这个方法做出来的面包含水量高，面包组织非常柔软，例如本书中的波兰种。

波兰种示意

　　波兰种材料：水100克、高筋面粉100克、酵母1克

　　主面团材料：高筋面粉200克、低筋面粉50克、细砂糖20克、盐3克、酵母3克、全蛋液30克、牛奶132克、无盐黄油25克

> 将波兰种所有材料混合拌匀1。

> 发酵至涨发有许多泡泡的状态2。

> 将主面团材料中除无盐黄油以外的所有食材混合，同时加入波兰种。

> 揉成光滑的面团，加入软化黄油3，继续揉至可以拉出大片透明结实薄膜的完全阶段4。

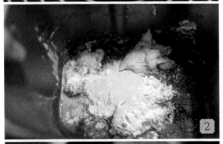

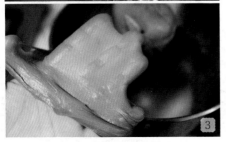

汤种法

　　汤种法是把一小部分面粉与沸水混合搅拌均匀，放凉后冷藏再加入主面团里一起搅拌，后续制作步骤和直接法相同。用这个方法做出来的面包也很柔软。这是利用了淀粉糊化的原理，因为面粉经过淀粉糊化以后更吸水，面团的含水量也得到了适当的增加。

　　拌好的汤种放凉后就可以使用，但是冷藏过夜的汤种，经过长时间的冷藏熟成后再使用，效果会更好。

汤种法示意

　　汤种材料：高筋面粉30克、沸水30克

　　主面团材料：高筋面粉250克、可可粉13克、细砂糖50克、酵母3.5克、无盐黄油25克、盐3克、水160克

> 将汤种面团中的高筋面粉和沸水混合均匀，放凉冷藏备用1。

> 将面团材料中除无盐黄油以外的所有食材混合，同时加入汤种2。

> 揉成出粗膜的光滑面团，加入软化黄油，继续揉至可以拉出大片透明结实薄膜的完全阶段3。

越战越勇，用经验值逆袭"别人家的面包"

为什么自己做的面包总没有面包店买的好吃

其实，自家做的面包只要做成功了无论是口感和营养都是不输市售面包的，还有人说自己做面包时即使用纯牛奶和面也没有买来的面包闻起来香味足，这其实是因为自制面包不含添加剂的原因。

严格照配方操作，为什么面团还是太干(湿)

由于面粉的吸水性不同，即使同一个品牌的面粉，其吸水性也会受不同季节和地区环境温度差异影响，所以加液体的时候不能完全严格按照配方来加，建议先留5~10克水再酌情添加。刚揉面的时候不要急着离开，先揉一两分钟观察下面团状态，再及时根据面团状态决定是否要全部加入。轻微粘手没关系，加了黄油后面团会好很多。

别人分分钟做出"手套膜"，为什么我却做不到

这绝对是一个"千年话题"。因为做面包难就难在即使是一样的配方，不一样的人也不可能做出一样的成品，还需要凭借个人的经验和手感来判断面团是否达到合适状态。

揉不出膜的原因通常有几种：

机器功率的原因。正如不同的面包机揉面效果也不一样，事实上即使同一台机器，由于操作者本身对液体量的把握、对黄油添加的时机、对揉面程度的把握理解都不一样，所以就算拥有很好的设备也不一定揉出理想的面团状态。解决的办法只有通过积累经验来学习了解面团。

面粉的吸水性。即使配方一样，机器一样，但由于面粉吸水性不同，面团软硬程度可能都会有些许差异，因此导致出膜效果受到影响。

面团温度过高而影响出膜。天热时，要用冰液体，降低面团温度，若面团温度过高还在任由机器揉面，提前进入发酵的面团就会影响出膜。

自身拉膜手法不正确，误以为面没揉好。

好面包会让人越吃越想吃，欲罢不能。有没有想过，在一天的早晨可以让面包来叫醒我们，与刚出炉的面包来一次偶遇。

用心制作的好面包有较为脆硬的外壳、湿润通透的内心，咀嚼时会产生清脆美妙的听觉感受，脆脆的外皮绽开形成漂亮的"耳朵"，就像骄傲噘起的嘴唇。

做出的面包总是很干硬、不够松软，是怎么回事

很多面包初学者都问过这个问题，其实我当初也碰到过同样问题。答案大多是这两点：揉面不到位和发酵不到位。解决的方法即通过观察、对比，掌握好揉面和发酵的最佳状态。

面包为什么会缩腰

主要原因可能有这三点：发酵过度，导致里面组织不那么紧实了；烘烤的温度太低，也有可能导致最后的面包缩腰；没烤熟就出炉也容易出现缩腰塌陷的情况。

怎样检查面团是否发酵完成

对于这个问题，我从来不看自己做面包时的发酵时间，因为这没有任何意义。在不同的环境温度下，面包的发酵时间都不一样，没有固定标准的时间，多观察面团状态，了解面团发到什么程度才是首要任务。

一般来说，最适宜的基础发酵温度在26~28℃，相对湿度为70%~75%。由于家庭烘焙大多没有能控温和控湿的发酵箱，所以除非是气温非常低的时候，大多数情况下，室温下慢慢发酵就可以了。

检查面团是否基础发酵完成，通常是看面团体积，若增至2~2.5倍大，面团顶部呈现弧形状，用手轻触能明显感觉到面团内的气体，可以基本判断为发酵到位。除此之外，我们可以将手指蘸一些高筋面粉，在面团上戳一个小洞出来，若小洞很快回缩，即发酵不足，需要继续延长发酵时间。若小洞维持原状或是有很轻微的回缩，即发酵正常完成，可以进行下一步操作。若是面团塌陷，则为发酵过度，这样烤出来的面包口感不佳。

Part 2

零基础新手入门

传统面包，记忆中的味道
木纹面包棒

制作
160 分钟

烘烤
20 分钟

🍶 口味：甜　　🍪 份数：16

吃惯了松软面包，不妨尝试一下这款略有嚼劲的面包，它的做法快捷方便，更能让你想起儿时放学路上和同桌分享"棒棒包"的时光。

面团材料

高筋面粉250克

全蛋液40克

细砂糖40克

奶粉15克

酵母3克

牛奶100克

无盐黄油20克

表面装饰

蛋黄2个

做法

➤ 将面团材料里除无盐黄油外的所有材料混合 **1**。

➤ 揉到光滑状后加入软化黄油，再揉到完全阶段 **2**（即面团能拉出坚韧的膜，并且不易破，即使破了，洞口呈现光滑而非锯齿状的破洞）。

➤ 将揉好的面团收圆 **3**，放入容器中进行基础发酵，面团发酵至原来的2~2.5倍大 **4**。

➤ 取出发酵好的面团，轻轻按压排出面团内的大气泡。

➤ 用擀面杖擀成长方形面片 **5**。

➤ 用刮板切成长条形 **6**，每一根面包坯长约10厘米，宽2~3厘米，将面包坯整齐排放在烤盘中 **7**，放在约38℃的环境下进行二次发酵约40分钟。

➤ 蛋黄打散成蛋黄液，在面团表面刷上蛋黄液，待蛋黄液快干的时候再刷第二遍，用叉子在表面划几道弯曲的纹路 **8**。

➤ 烤箱预热到175℃，中层上下火烤约20分钟至表面呈金黄色即可 **9**。

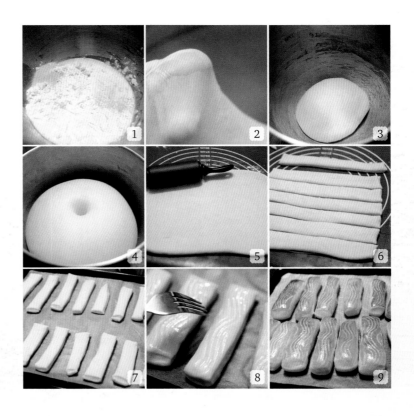

Tips

· 这款面包的口感是稍微偏硬带点嚼劲的，所以二次发酵时不要发得太大了。

香肠面包

制作
175 分钟

烘烤
20 分钟

口味：咸　　份数：5

香肠面包朴实无华却深受孩子喜爱。
早餐来一个，让夹着香香肉味和面粉
自然香气的面包安抚心胃。

面团材料

高筋面粉250克

细砂糖45克

盐3克

酵母3.5克

全蛋液40克

蜂蜜15克

水105克

无盐黄油30克

夹馅

火腿肠5根

表面装饰

全蛋液适量(约1个鸡蛋的量)

做法

➤ 将面团材料里除无盐黄油以外的所有材料混合。

➤ 揉到面团光滑能出粗膜时,加入软化黄油,继续揉至能拉出大片薄膜的扩展阶段 **1** 。

➤ 将面团收圆放入盆中,盖上保鲜膜进行基础发酵,至原来的约2.5倍大时,用手指蘸面粉戳个洞,洞口不会马上回缩或塌陷即发酵好了 **2** 。

➤ 取出发酵好的面团,按压排出面团内气体 **3** ,将发酵好的面团分割成5份,滚圆 **4** ,盖上保鲜膜松弛15分钟。

➤ 取一份面团,搓成约25厘米的长条状 **5** 。

➤ 将长条绕在火腿肠中部,露出两头火腿肠 **6** 。

➤ 依次处理好所有的面团,整齐排放在烤盘中 **7** ,放于温暖湿润处。

➤ 二次发酵至原来的2倍大,表面刷全蛋液,烤箱预热到180℃,中层烤20分钟左右即可 **8** 。

Tips

·因为面团发酵后会变大,所以整形时两端火腿肠要多露一些出来才更好看。注意观察面包上色情况,需结合自家烤箱适当调整温度和时间,如中途上色合适了,要及时加盖锡纸防止上色过度。

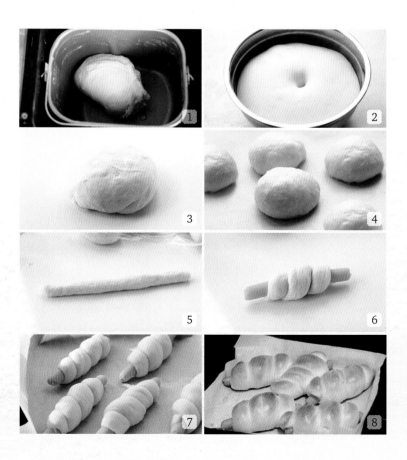

紫米面包

口味：甜　　份数：9

藏匿在面包里的紫米，让"甜"和
"糯"来得正是时候，也勾起了我
对甜心面包最初的喜爱。

面团材料

高筋面粉215克

低筋面粉35克

细砂糖22克

奶粉18克

盐3克

酵母3.5克

水155克

无盐黄油18克

夹馅

紫糯米饭300克

细砂糖适量

表面装饰

黑芝麻少许

做法

➤ 将面团材料里除无盐黄油以外的所有材料混合,揉到面团光滑、能出粗膜时,加入软化黄油,继续揉至面团能拉出比较结实的半透明薄膜。

➤ 将面团收圆放入盆中,盖上保鲜膜在温暖湿润处进行基础发酵,发酵至原来的约2.5倍大。

➤ 取出发酵好的面团,按压排出面团内气体,分割成9份**1**,滚圆**2**,盖上保鲜膜松弛15分钟。

➤ 将煮熟的紫糯米饭加适量细砂糖拌匀,放凉后备用**3**。

➤ 将松弛好的面团擀成圆形,翻面后包上紫米馅**4**。

➤ 捏紧收口处**5**,依次处理好所有面团,收口朝下,整齐排放在烤盘中。

➤ 放在约35℃的温暖环境下,二次发酵至原来的2倍大。

➤ 表面用喷壶喷少许水,再撒上黑芝麻**6**。

➤ 在面团上盖上一个烤盘**7**,烤箱预热到190℃后,放中下层烤18分钟左右即可**8**。

Tips

· 夹馅可以换成其他自己喜欢的馅料,比如蜜豆馅、紫薯馅、奶黄馅等。

· 如果是不粘烤盘,可以直接盖上,如果是普通烤盘,需要在面团和烤盘中间隔一层油纸防粘。

· 40升以下的烤箱建议做7个,因为烤盘面积有限,面团材料具体用量为:高筋面粉170克、低筋面粉30克、细砂糖18克、奶粉15克、盐2克、酵母3克、水125克、无盐黄油15克。

奶酥面包

口味：甜　　份数：6

面团材料

高筋面粉200克
低筋面粉20克
无盐黄油20克
细砂糖30克
盐1克
酵母4克
全蛋液15克
水120克

奶酥材料

无盐黄油40克
糖粉25克
低筋面粉15克

刚烤好的奶酥皮香甜酥脆，但在室温下久放后易融化，要立即食用。

做法

➤ 将除无盐黄油以外的所有面团材料混合，揉至面团光滑、面筋扩展时，加入软化黄油，继续揉至能拉出薄膜的完全阶段 **1**，盖保鲜膜发酵至原来的2~2.5倍大。

➤ 将面团排气，分成6份 **2**，滚圆后盖保鲜膜松弛10分钟。

➤ 整成橄榄形 **3**，二次发酵至原来的2倍大 **4**。

➤ 将奶酥材料中的无盐黄油软化后加入糖粉，搅拌均匀 **5**，稍微打发 **6**。

➤ 筛入低筋面粉 **7**。

➤ 继续打至奶油糊状 **8**。

➤ 将奶酥糊装入裱花袋中，挤在面团上 **9**。

➤ 烤箱预热到180℃，中层烤18分钟左右 **10**。

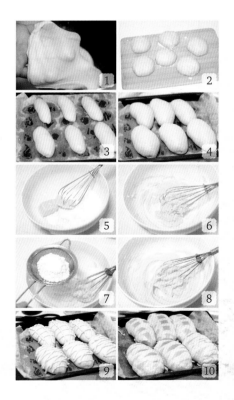

奶油夹心面包

🎂 口味：甜　🍪 份数：5

制作 195 分钟
烘烤 18 分钟

面团材料

- 高筋面粉250克
- 细砂糖50克
- 盐3克
- 酵母4克
- 奶粉10克
- 全蛋液30克
- 牛奶135克
- 无盐黄油22克

夹馅

- 淡奶油100克
- 细砂糖15克

表面装饰

- 椰蓉适量
- 无盐黄油适量

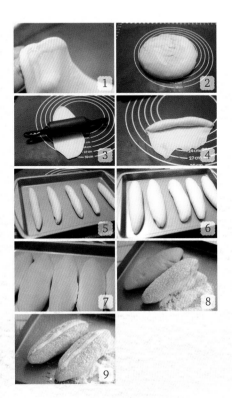

做法

➤ 将面团材料里除无盐黄油以外所有材料混合，揉到面团光滑、能出粗膜时加软化黄油，揉至完全阶段 1。

➤ 将面团收圆放入盆中，盖上保鲜膜在温暖湿润处进行基础发酵，发酵至原来的约2.5倍大。

➤ 取出发酵好的面团，按压排出面团内气体 2。

➤ 将发酵好的面团分割成5份，滚圆，盖上保鲜膜松弛15分钟，取一份面团，擀成椭圆形的面片 3。

➤ 翻面，压薄底边，从上往下卷起 4，捏紧接口处，再将面团搓长一些。依次处理好所有的面团，整齐排放在烤盘中 5，放入烤箱，下面再放一盘热水，盖上烤箱门，进行二次发酵，至原来的2倍大 6。

➤ 烤箱预热到180℃，中层烤18分钟左右 7。

➤ 将无盐黄油隔水熔化成液体，用刷子刷在放凉的面包表面，然后均匀地蘸一层椰蓉 8。

➤ 淡奶油加细砂糖打发，装入裱花袋，将面包从中间切开（不要切断），将夹馅奶油挤在面包的中间切口处 9。

鲜奶雪露面包

口味：甜　　份数：6

制作
220 分钟

烘烤
18~20 分钟

面团材料

高筋面粉250克

奶粉4克

酵母3克

细砂糖30克

盐2克

水130克

全蛋液37克

无盐黄油25克

夹馅（奶油馅）

无盐黄油60克

淡奶油60克

糖粉20克

蜂蜜25克

奶粉30克

表面装饰（泡芙馅）

高筋面粉30克

无盐黄油20克

水57克

全蛋液45克

糖粉适量

做法

➤ 将面团材料里除无盐黄油以外的所有材料混合，揉到产生筋度，加入软化黄油，继续揉至面团能拉出大片薄膜 1。

➤ 将揉好的面团放在温暖处，发酵至原来的2倍大，将发酵好的面团分割成6份，滚圆 2，盖上保鲜膜松弛15分钟。

➤ 取一份面团，擀成偏方形的面片 3，将面团上部向中间折起，再将下边也向中间折起 4，对折并捏紧收口处 5。

➤ 依次处理好面团，将收口朝下排放在烤盘中 6，放温暖湿润处二次发酵至原来的2倍大 7。

➤ 发酵期间，制作泡芙馅：将表面装饰材料中的无盐黄油和水放入锅中，煮沸后迅速倒入高筋面粉，关火搅拌均匀 8，分3次加入全蛋液，搅拌均匀，装入裱花袋里，裱花袋前剪个小口子。

➤ 在发酵好的面包坯表面刷一层全蛋液，挤上泡芙馅条纹 9。

➤ 烤箱预热到180℃，中下层烤18~20分钟 10。

➤ 烘烤期间，制作奶油馅：将夹馅材料中的无盐黄油充分软化，加入糖粉，打发至松化发白的羽毛状态，再加入蜂蜜搅拌均匀，加入奶粉，用刮刀轻轻拌匀，最后加入淡奶油拌匀，制成奶油馅。

➤ 出炉之后立刻脱模，放晾网冷却，将面包中间切开，不要切到底 11，挤上奶油馅，在表面筛上糖粉即可 12。

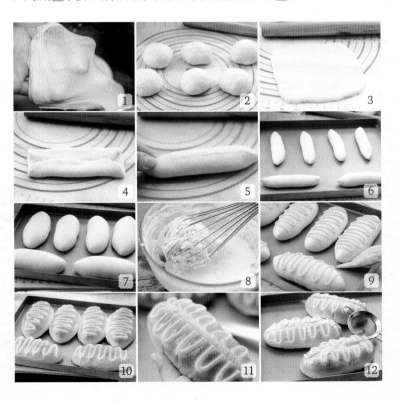

Tips

·用花嘴挤入奶油馅即可，花嘴型号不限。

砂糖花朵面包

🧂 口味：甜   🍬 份数：7   🍮 模具：8寸圆形模具1个

制作
195分钟

烘烤
25分钟

面团材料

高筋面粉250克
水90克
牛奶35克
全蛋液30克
奶粉10克
无盐黄油25克
盐3克
即发干酵母3克
细砂糖30克

表面装饰

全蛋液适量
粗砂糖适量
无盐黄油适量

做法

➤ 将面团材料中除无盐黄油外的所有材料放入面包机桶内**1**。

➤ 启动面包机和面程序，揉至可拉出半透明状薄膜的扩展阶段。

➤ 进行基础发酵，至原来的2.5倍大**2**。

➤ 取出发酵好的面团，按压排出面团内气体，分割成7等份，盖上保鲜膜松弛15分钟。

➤ 再次滚圆后放在模具中**3**。

➤ 放在温暖湿润处进行二次发酵，至原来的2倍大**4**。

➤ 用刀片在每个小面团顶部划"十"字形刀口，刷上全蛋液，撒上粗砂糖，并在刀口处挤上软化黄油**5**。

➤ 烤箱预热到180℃，放入装有面包的模具，烤约25分钟至表面呈金黄色即可**6**（具体时间和温度可以根据自家烤箱的"脾气"来调整，中途上色均匀了可以加盖锡纸）。

Tips

· 黄油软化后装入裱花袋或者保鲜袋中，前面开一个口子，挤在十字刀口上即可。

· 没有圆形模具的话，直接放烤盘里也可以。

肉松面包

口味：咸　　份数：6

制作
200 分钟

烘烤
20~25 分钟

面团材料

高筋面粉 200 克
低筋面粉 50 克
无盐黄油 25 克
细砂糖 40 克
盐 2 克
酵母 3.5 克
全蛋液 25 克
牛奶 25 克
水 115 克

表面装饰

沙拉酱 2 匙（做法见 196 页）
肉松适量

做法

> 将面团材料里除无盐黄油外的其他材料放入面包机桶内 1，启动和面程序，20 分钟后第 1 个程序结束，加入软化黄油，再次启动和面程序，面团揉至完全阶段。

> 启动面包机发酵程序，基础发酵至原来的 2.5 倍大 2。

> 取出发酵好的面团，按压排气，分割成 6 等份，滚圆后盖上保鲜膜，松弛 15 分钟。

> 取一个面团擀成椭圆形，从上往下卷起 3，整成橄榄形 4。

> 依次做好所有的面包坯，排放在铺了油纸的烤盘里，放温暖湿润处二次发酵至原来的 2 倍大 5。

> 烤箱预热到 180℃，中层烤 20~25 分钟。

> 取出烤好的面包，晾凉后在面包表面刷上沙拉酱 6，粘满肉松即可 7。

叉烧面包

口味：咸　　**份数：9**

怎么能错过形形色色的夹馅面包？叉
烧面包组织蓬松饱含气泡，口感十分
软绵，即使夹馅是略显粗犷的叉烧
肉，也难掩温柔质感。

中种面团材料

高筋面粉75克
酵母3克
牛奶30克
全蛋液15克

主面团材料

高筋面粉175克
细砂糖35克
盐3克
全蛋液45克
牛奶70克
无盐黄油18克

夹馅

叉烧馅250克(做法见199页)

表面装饰

全蛋液适量

做法

➤ 将中种面团材料混合,揉成面团,盖保鲜膜,室温28~30℃下发酵半小时后放入冰箱,4℃冷藏发酵16小时,至原来的3倍以上大**1**。

➤ 将中种面团撕成小块,与主面团中除无盐黄油以外的所有材料混合**2**,揉至光滑状**3**,再加入软化黄油,继续揉至可以拉出较为结实的透明薄膜。

➤ 盖保鲜膜松弛20分钟,将松弛好的面团等分为9个小面团,滚圆,盖保鲜膜再松弛15分钟左右。

➤ 将松弛好的面团擀成圆形**4**,翻面后放上叉烧馅**5**。

➤ 将馅料包圆**6**,捏紧收口处,收口朝下,排放在烤盘上**7**。

➤ 放温暖湿润处二次发酵至原来的2倍大。

➤ 表面刷全蛋液,用剪刀在面包坯顶部剪出"十字"刀口,再将刀口用手向外拉开,让口子变大一些**8**。

➤ 放入预热好的烤箱,180℃烤18~20分钟至表面呈金黄色**9**。

Tips

· 可以购买现成的叉烧馅,也可以自己制作,制作方法见本书199页。

· 种面团发酵膨胀至最高点,中间位置稍微有点轻微下陷即发酵完成。急着做的话也可以直接室温发酵,多观察面团状态,以面团状态为准。

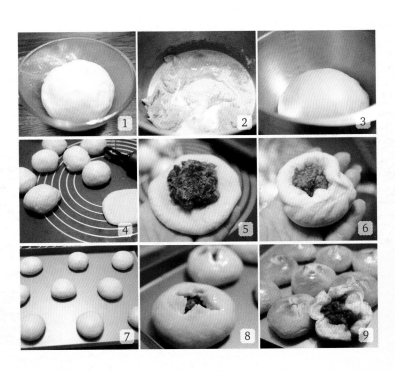

肉松手撕小面包

口味：咸　　份数：12　　模具：12 连麦芬蛋糕模具 1 个

面团材料

高筋面粉200克

低筋面粉50克

全蛋液48克

牛奶152克

盐2克

酵母3克

无盐黄油28克

夹馅

沙拉酱2大匙(做法见196页)

肉松适量

表面装饰

全蛋液适量

白芝麻少许

做法

> 将面团材料中除无盐黄油外的所有材料混合,揉出筋后加入软化黄油,继续揉到面团能扯出较为结实的透明薄膜的完全阶段 1 。

> 将揉好的面团整理光滑,盖保鲜膜进行基础发酵,至原来的2.5倍大 2 。

> 取出发酵好的面团,按压排出气体 3 ,收圆,盖上保鲜膜松弛15分钟,擀成长约30厘米的薄面片 4 。

> 翻面后,刷一层沙拉酱 5 。

> 切成四等份,在两份面片上撒上肉松 6 。

> 将四片面片交替叠放 7 ,一共叠加成四层,使处在顶层的一片表面没有肉松 8 。

> 切成12等份 9 ,将切好的面团排放在12连模里 10 ,放在温暖湿润处二次发酵至原来的2倍大 11 ,刷全蛋液,撒少许白芝麻。

> 烤箱预热到180℃,中层上下火烘烤16分钟左右 12 ,出炉后立刻脱模放凉。

Tips

·关于发酵的温度和湿度,要根据天气状况灵活调整,也可以根据自己的烤箱设定。

·没有模具的话,也可以用直径约7.5厘米的纸杯来做。

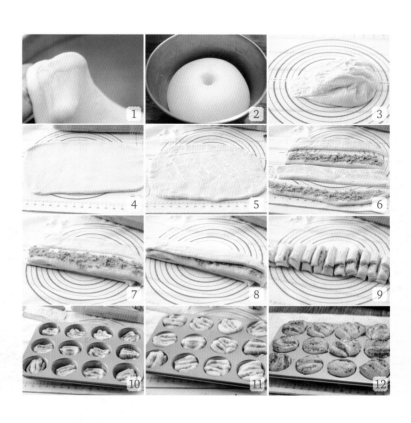

红糖玉米面包

🍚 口味: 甜　🍪 份数: 1　🧁 模具: 8 寸中空戚风蛋糕模具 1 个

面团材料

高筋面粉 300 克
红糖 50 克
盐 2 克
鸡蛋液 52 克
酵母 4 克
牛奶 150 克
无盐黄油 30 克
玉米粒 100 克

Tips

·红糖也可以换成白糖。如果是煮熟后切下来的玉米粒或者解冻后的玉米粒,一定要用厨房纸擦干水分再加面团里。

做法

➤ 将除无盐黄油外所有的面团材料放入面包机桶内,启动和面程序 1,15 分钟后第 1 次和面结束,加入软化黄油(剩 5 克左右备用) 2。

➤ 再次和面 15~20 分钟。加入沥干水分的玉米粒,再次启动和面程序 3,揉 2~3 分钟,等玉米粒揉匀进面团就行,或者手工揉匀 4。

➤ 收圆面团,面包桶上覆盖保鲜膜,发酵至原来的 2~2.5 倍大 5。

➤ 取出发酵好的面团,按压排出面团内气体,分割成 7~8 等份,收圆 6。

➤ 在模具里抹剩余的软化黄油,放入面坯 7,二次发酵至原来的 2 倍大 8。

➤ 烤箱 180℃预热,烤 30~35 分钟至表面金黄色 9,脱模晾凉即可 10。

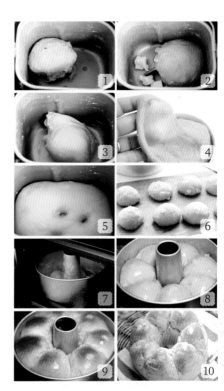

玫瑰花面包

🎂 口味：甜　　🍪 份数：14　　🧁 模具：8 寸不粘圆形模具 1 个

面团材料

高筋面粉 300 克

细砂糖 50 克

盐 2.5 克

酵母 3.5 克

全蛋液 30 克

牛奶 120 克

淡奶油 40 克

无盐黄油 20 克

表面装饰

全蛋液适量

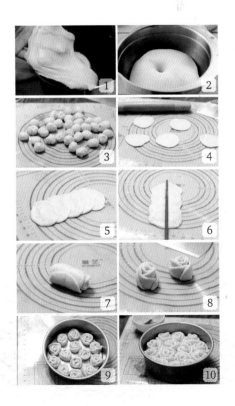

做法

> 将面团材料中除无盐黄油以外的所有材料混合，揉到面团扩展、产生筋度，加入软化黄油，继续揉至面团能拉出大片透明结实薄膜的完全阶段 **1**。

> 将揉好的面团放在温暖湿润处进行基础发酵，至原来的 2 倍大 **2**。

> 将发酵好的面团取出，按压排气，分割成 15 克 / 个的面团，共 35 个，滚圆 **3**，盖上保鲜膜，松弛 15 分钟。

> 将面团擀成圆形面片，取 5 片面片 **4**，叠放在一起 **5**，用筷子从中间按压一下 **6**。

> 从上往下卷起 **7**。

> 用切面刀从中间切断，就变成了两朵玫瑰花 **8**。

> 做出 7 组共 14 朵玫瑰花，排放在模具里 **9**。

> 放在温暖处进行二次发酵，至原来的 2 倍大 **10**，在面包表面刷一层全蛋液，烤箱预热到 175℃，中下层烤约 20 分钟至表面呈金黄色，出炉之后立刻脱模，放晾网冷却。

纯香奶酪包

制作
330 分钟

烘烤
22 分钟

口味：甜　　份数：9

中种面团材料

高筋面粉170克
酵母3克
水54克
全蛋液55克

主面团材料

高筋面粉60克
低筋面粉50克
细砂糖40克
盐3克
奶油奶酪45克
牛奶68克
无盐黄油20克

表面装饰

全蛋液适量
白芝麻适量

Tips

·由于面粉的吸水性不同，要灵活控制液体量。
·我用的是28厘米的方形烤盘，大一些小一些都可以，或者用家中原有的、烤箱自带的烤盘也可以。

做法

➤ 将中种面团材料全部混合，揉成光滑的面团，面盆盖上保鲜膜，放在温暖湿润处发酵至原来的3倍以上。

➤ 将发酵好的中种面团撕成小块 **1**，和主面团中除无盐黄油外的所有材料混合，揉成光滑的面团，至略有筋度时加入软化的黄油，继续揉至能扯出较为结实的半透明薄膜 **2**。

➤ 将揉好的面团整理光滑，盖保鲜膜静置30分钟，接着分割成9等份，滚圆 **3**，盖保鲜膜松弛15分钟左右。

➤ 取一个松弛好的面团，擀成椭圆形 **4**。

➤ 翻面，左右两边各向1/3处内折成水滴形 **5**，依次处理好所有的面团，盖保鲜膜松弛5分钟左右。

➤ 取一个松弛好的面团，擀成长的三角 **6**，擀的时候从面团中间位置分别向上、向下擀长，尽量不要擀宽。

➤ 擀好后轻轻用手提起，使面团稍微松弛，然后底端压薄，从上而下卷起 **7**，将所有擀卷好的面团摆在方形烤盘中 **8**，将烤盘放入烤箱中层。

➤ 烤箱下层放一烤盘热水，启动发酵模式，烤箱温度设置在35℃左右，时间设置为40分钟左右，直到面团发酵到原来的2.5倍大。

➤ 取出面团和水，表面刷全蛋液，撒少许白芝麻 **9**，烤箱预热到160℃，中层，上下火烘烤22分钟，出炉立刻取出，至冷却架放凉。

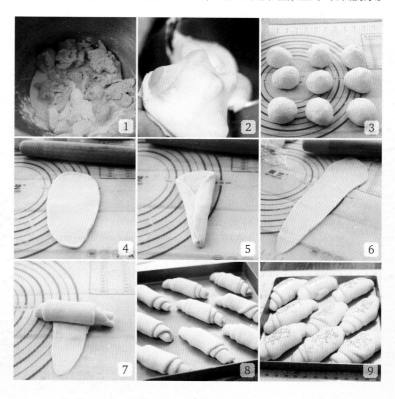

胡萝卜吐司

制作
200 分钟

烘烤
40 分钟

口味：甜　　份数：1　　模具：450 克吐司模具 1 个

面团材料

高筋面粉250克

细砂糖35克

酵母3克

盐3.5克

胡萝卜泥70克

牛奶140克

无盐黄油20克

表面装饰

全蛋液适量

Tips

· 做任何一款面包时，都不能完全按照配方来加液体，因为即使是同一个品牌的面粉，在不同季节吸水性都会产生变化，所以液体量要根据面团状况及时调整。合理的面团状态应该是柔软、湿润、有弹性且不粘手的。

· 若家中没有能控温和控湿的发酵箱，室温下慢慢发酵就可以了。

· 烘烤过程中，顶部上色后要及时盖锡纸。

做法

➤ 将面团材料中除无盐黄油以外的所有材料混合 **1**。

➤ 揉成出粗膜的光滑面团 **2**，加入软化黄油 **3**，继续揉至可以拉出大片透明结实薄膜的完全阶段 **4**。

➤ 将揉好的面团放入容器 **5**，盖上保鲜膜，放在25~28℃的环境中进行基础发酵，至原来的2~2.5倍大，手指蘸粉戳孔不回弹、不塌陷即可 **6**。

➤ 将发酵好的面团取出，轻拍排气 **7**，称重后分为3等份 **8**，滚圆后盖保鲜膜松弛15分钟 **9**。

➤ 取一个松弛好的面团，擀成椭圆形 **10**，翻面，从上往下卷起成圆筒状，盖上保鲜膜松弛15分钟，将松弛好的面团再次用擀面杖擀成牛舌状 **11**，自上而下卷起，卷起的面团圈数为1.5个圈 **12**，依次做好3份面团。

➤ 将卷好的面团放入吐司盒中 **13**，放在温度37℃左右、相对湿度75%的环境下发酵(具体做法见12页)，至吐司盒八分满 **14**。

➤ 表面刷全蛋液，放入预热好的烤箱，下层上下火170℃烘烤约40分钟出炉 **15**，出炉后马上脱模放到晾网上，至手心温度后密封保存即可。

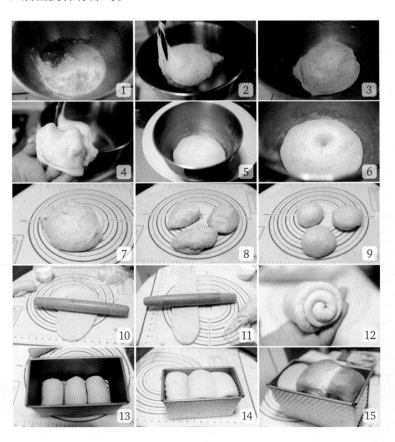

纯奶吐司

🍶 口味：甜　　🍪 份数：1　　🧁 模具：450 克吐司模具 1 个

中种面团材料

金像高筋面粉 150 克
酵母 4 克
细砂糖 15 克
牛奶 145 克

主面团材料

金像高筋面粉 150 克
细砂糖 25 克
盐 4 克
牛奶 72 克
无盐黄油 28 克

做法

➤ 将中种面团的所有材料混合，不必揉匀，用筷子搅拌均匀，盖保鲜膜，发酵至 2~3 倍大。

➤ 将主面团材料里除无盐黄油之外的所有材料和发酵好的中种面团放入面包机桶 1，启动和面程序，揉至面筋扩展，加入软化黄油 2，继续揉至可拉出大片透明结实薄膜的完全阶段 3。

➤ 启动面包机发酵模式 4，时间设定为 30 分钟 5。

➤ 取出面团，分割成 3 等份，滚圆，盖上保鲜膜松弛 20 分钟。

➤ 将面团擀卷 2 次，放在吐司盒里 6，二次发酵至吐司盒八分满。

➤ 放入预热好的烤箱，下层，上下火 180℃烤约 40 分钟，上色后盖锡纸，烤好后立刻取出脱模。

全麦吐司

制作
160 分钟

烘烤
40 分钟

🍚 口味：甜　🍪 份数：1

面团材料

高筋面粉230克

含麦麸的全麦粉20克

无盐黄油28克

全蛋液20克

细砂糖25克

干酵母3克

盐3克

水145克

Tips

·面粉吸水性不同，尤其加了全麦粉，所以水分要灵活掌握，酌情增减，比例合适的面团是柔软湿润但不会非常粘手。

口感比较清淡，不甜，喜欢甜口的可以加45克糖。

做法

➤ 将除盐和无盐黄油以外所有面团材料放入面包机桶内混合 **1**。

➤ 启动揉面程序，面团成团后加入盐，约20分钟后加入软化黄油 **2**。

➤ 再次揉面20分钟左右即可 **3**。

➤ 揉好的面团盖上保鲜膜进行第一次发酵，发酵至2.5倍大 **4**。

➤ 取出发酵好的面团排气，分割成三等份，揉圆松弛20分钟 **5**。

➤ 取一份面团擀成椭圆形，翻面后卷起排放在模具里 **6**。

➤ 二次发酵至八分满，盖上吐司盒 **7**。

➤ 烤箱190℃预热，烤40分钟左右，脱模取出晾凉后装袋密封保存即可 **8**。

红薯吐司

口味：甜　　份数：1　　模具：450 克吐司模具 1 个

制作
175 分钟
烘烤
40 分钟

大多数吐司的口感没有外脆里嫩的强烈反差，但麦香味浓郁。不切片的话，顺着纹理一条条撕着吃，像撕棉花糖一样，乐趣十足。

面团材料

高筋面粉250克

细砂糖25克

酵母3克

盐3克

红薯泥110克

奶粉8克

牛奶80克

无盐黄油20克

表面装饰

全蛋液适量

做法

➤ 将面团材料中除无盐黄油以外的所有材料混合 **1** 。

➤ 揉成出粗膜的光滑面团，加入软化黄油，继续揉至可以拉出大片透明结实薄膜的完全阶段。

➤ 将揉好的面团放入容器，盖上保鲜膜 **2** ，在25~28℃的环境中进行基础发酵，至原来的2~2.5倍大 **3** （手指蘸粉戳孔，不回弹、不塌陷）。

➤ 将发酵好的面团取出，轻拍排气，称重后分为3等份，滚圆后盖保鲜膜松弛15分钟，取一个松弛好的面团，擀成椭圆形 **4** 。

➤ 翻面，将左边和右边分别向中间1/3处对折 **5** 。

➤ 用擀面杖擀长 **6** ，自上而下卷起，依次卷好3份面团 **7** （面团宽度和模具宽度基本一致）。

➤ 将卷好的面团放入吐司盒中 **8** ，放在温度37℃左右、相对湿度75%的环境下发酵至吐司盒八分满（手指轻轻按压表面可以缓慢回弹）。

➤ 表面刷全蛋液，放入预热好的烤箱，下层上下火180℃烘烤约40分钟出炉（顶部上色后要及时盖锡纸），出炉后脱模 **9** ，放在晾网上晾凉到手心温度后密封保存。

Tips

·不同品种的红薯含水量有区别，并且面粉在不同的环境、相对湿度下吸水性也有区别，因此液体量要灵活调整，及时增减水分。

焦糖奶油吐司

口味：甜　　份数：1

面团材料

高筋面粉 350 克

酵母 4 克

鸡蛋清 70 克

牛奶 105 克

焦糖奶油酱 110 克

盐 4 克

细砂糖 25 克

无盐黄油 20 克

Tips

· 焦糖奶油酱的做法：细砂糖 28 克、水 10 克和淡奶油 70 克。将细砂糖（28 克）和水（10 克）放入锅内拌匀，煮沸，继续煮至出现焦色后关火，锅中再慢慢倒入淡奶油（70 克），边倒边搅匀，放凉后备用。

做法

▶ 将除无盐黄油以外的面团材料放入面包机桶内 1，启动和面程序，将面团揉至扩展阶段。

▶ 加入软化黄油 2，再次启动和面程序，揉至完全阶段，取一小块面团，可以拉出透明结实的薄膜 3。

▶ 进行基础发酵 4，面团发至原来的 2.5 倍大，取出面团，分割成 3 等份，滚圆 5，盖上保鲜膜松弛 15 分钟。

▶ 将松弛好的面团擀成椭圆形 6。

▶ 翻面后将上下两端向中间对折 7，再次松弛 15 分钟。

▶ 翻面后再次擀开，擀成长方形薄片 8，从上往下卷成卷 9，排放在面包机桶内。

▶ 二次发酵至八分满 10。

▶ 启动烘烤模式，烤 40 分钟后面包表面呈金黄色，脱模晾凉。

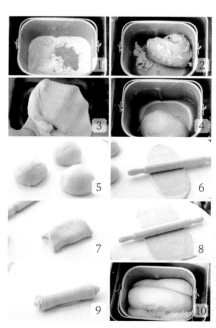

黄金奶酪吐司

🎲 口味：甜　　🍪 份数：1　　🧁 模具：450 克吐司模具 1 个

面团材料

金像高筋面粉 250 克
细砂糖 35 克
黄金奶酪粉 10 克
盐 3 克
酵母 3 克
水 155 克
全蛋液 24 克
无盐黄油 20 克

Tips

· 经典方子用了 165 克水，我少用了 10 克，这是根据使用面粉的吸水性作的适当调整。

· 具体烘烤温度和时间还要根据自家烤箱调整。

做法

➤ 将除无盐黄油外的所有材料放入面包机桶内 **1**。

➤ 后油法（见 15 页）将面团搅拌至完全阶段 **2**。

➤ 启动面包机的发酵功能，使面团发酵至原来的 2 倍大 **3**。

➤ 分割成 3 等份，滚圆后松弛 20 分钟，用擀面杖将松弛好的面团擀平成椭圆形，卷起 **4**。

➤ 松弛 15 分钟，再进行第二次擀卷，将整形好的面团放入规格为 450 克的方形吐司盒中 **5**。

➤ 进行二次发酵，占吐司盒约八分满时加盖子 **6**。

➤ 烤箱预热到 180℃，烘烤 40 分钟左右，取出并脱模晾凉 **7**。

蜜豆吐司

口味：甜　　份数：1　　模具：450 克吐司模具 1 个

制作
185 分钟

烘烤
40 分钟

面团材料

高筋面粉 280 克

细砂糖 30 克

盐 3 克

酵母 3.5 克

牛奶 35 克

水 100 克

全蛋液 50 克

无盐黄油 30 克

夹馅

蜜豆馅 100 克（做法见 199 页）

做法

➤ 将面团材料中除无盐黄油外的所有材料放入面包机桶内 1。

➤ 启动和面程序，约 20 分钟后，第 1 个和面程序结束，面团到了表面略光滑的状态，加入软化的黄油 2，再次启动和面程序。

➤ 第 2 个和面程序结束后，面团被揉至光滑的完全阶段 3（面团已经可以拽开一层坚韧的薄膜，用手指捅破，破洞边缘光滑）。

➤ 将面团收圆，放于面包机桶内 4，盖上保鲜膜进行基础发酵，至原来的 2.5 倍大 5。

➤ 将发酵好的面团取出，按压排出空气，滚圆，盖上保鲜膜松弛 15 分钟。

➤ 用擀面杖将面团擀成面片，翻面，铺上蜜豆馅 6。

➤ 从上往下卷起，放入吐司模内进行二次发酵 7，至吐司模九分满。

➤ 烤箱预热到 180℃，下层上下火烘烤 40 分钟，取出脱模晾凉 8。

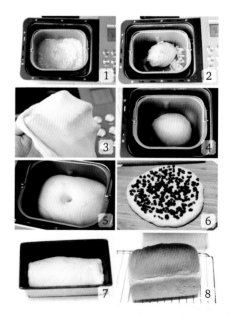

抹茶吐司

🍶 口味：甜　　🍪 份数：1　　🧁 模具：450 克吐司模具 1 个

面团材料

- 高筋面粉 250 克
- 细砂糖 40 克
- 盐 3 克
- 奶粉 10 克
- 抹茶粉 8 克
- 浓稠酸奶 85 克
- 全蛋液 20 克
- 水 70 克
- 酵母 3 克
- 无盐黄油 25 克

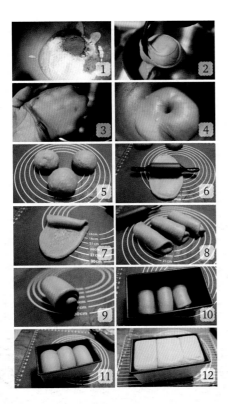

做法

➤ 将面团材料中除无盐黄油以外的所有材料混合①，揉成光滑的面团②，加入软化黄油，继续揉至可以拉出大片透明结实薄膜的完全阶段③。

➤ 将面团收圆，放入容器内，盖上保鲜膜，放在 25~28℃的环境中进行基础发酵，至原来的 2~2.5 倍大，手指蘸粉戳孔④，不回弹、不塌陷。

➤ 将发酵好的面团取出，轻拍排气，称重后均匀分为 3 等份，滚圆⑤，盖保鲜膜松弛 20 分钟。

➤ 取一个松弛好的面团，擀成椭圆形⑥（擀的时候拍掉边上气泡），翻面后将面团从上往下卷起⑦，依次卷好 3 个面团⑧，盖上保鲜膜，松弛 20 分钟左右。

➤ 再次用擀面杖擀长，翻面后再次自上而下卷起，这时是 2.5 个圈⑨，依次卷好 3 份面团，排放在吐司盒里⑩，放在温度 37℃左右、相对湿度 75% 的环境下发酵至七或八分满⑪，盖上吐司盒盖子。

➤ 放入预热好的烤箱，中下层 200℃烘烤 45 分钟出炉⑫。

果干炼乳手撕吐司

🧂 口味：甜　🍪 份数：1　🧁 模具：450 克吐司模具 1 个

制作
195 分钟

烘烤
35 分钟

这款手撕吐司拥有耐嚼厚实的外壳和香甜可口的果干，应该有的风味都释放出来了，不仅具有创造力，还呈现满满的手工气息。

面团材料

高筋面粉300克

牛奶160克

全蛋液40克

无盐黄油30克

细砂糖25克

酵母3.5克

盐3克

夹馅

炼乳50克

无盐黄油30克

蔓越莓干40克

Tips

·烤箱的温度仅供参考，中途顶部上色合适要及时加盖锡纸。

·也可以再撒一些坚果片在面包表面。

做法

➤ 将面团材料中除无盐黄油以外的所有材料混合，揉成光滑的面团，加入软化黄油，继续揉至完全阶段，将揉好的面团放入容器，盖上保鲜膜，放在25~28℃的环境中进行基础发酵，至原来的2~2.5倍大 **1**，手指蘸粉戳孔不回弹、不塌陷。

➤ 将发酵好的面团取出，轻拍排气，滚圆后盖保鲜膜松弛20分钟。

➤ 将夹馅材料中的无盐黄油与炼乳隔水加热至黄油熔化，搅拌均匀成黄油炼乳酱 **2**。

➤ 将面团擀成薄的长方形大面片。把黄油炼乳酱均匀抹在面片上，再撒上切碎的蔓越莓干 **3**，用切板将面片切成和模具一样宽的小方块 **4**。

➤ 将切好的小方块一片片叠加起来 **5**，横铺在吐司模具内 **6**。

➤ 放在温暖湿润处二次发酵至原来的2倍大 **7**，在面包坯表面刷上剩余的黄油炼乳酱。

➤ 烤箱预热到180℃，放入中下层，上下火烤约35分钟至表面呈金黄色，烤好后脱模放凉 **8**，密封保存。

香葱肉松吐司

制作 180分钟 烘烤 40分钟

口味：咸　　份数：1　　模具：450 克吐司模具 1 个

面团材料

高筋面粉250克

牛奶135克

全蛋液30克

盐3克

细砂糖25克

无盐黄油20克

酵母3克

夹馅

海苔肉松50克

沙拉酱2大匙(做法见196页)

葱花适量

表面装饰

全蛋液适量

做法

➤ 将面团材料中除无盐黄油以外的所有食材混合,揉成出粗膜的光滑面团,再加入软化黄油,继续揉至可以拉出大片透明、结实薄膜的完全阶段。

➤ 将揉好的面团放入容器、盖上保鲜膜,放在25~28℃的环境中进行基础发酵,至原来的2~2.5倍大,将发酵好的面团取出,轻拍排气 **1** ,再将面团滚圆,盖保鲜膜松弛15分钟。

➤ 将松弛好的面团擀成正方形的大面片 **2** ,翻面,中间抹上沙拉酱,再铺上海苔肉松和葱花 **3** ,四周留2指距离。

➤ 卷起,捏紧收口处 **4** 。

➤ 用刮板将卷好的面团从中间切开,顶端留2指宽不要切断 **5** 。

➤ 切口朝上,扭成麻花状 **6** 。

➤ 将两头对接起来,捏紧收口,收口朝下摆放在吐司盒里 **7** ,放在温度37℃左右、相对湿度75%的环境下发酵至吐司盒八分满 **8** 。

➤ 表面刷全蛋液,放入预热好的烤箱 **9** ,下层上下火180℃烘烤约40分钟出炉,顶部上色后要及时盖锡纸,出炉后脱模放到晾网上,放到手心温度后密封保存即可。

Tips

·二次发酵可利用烤箱的发酵功能,在烤箱中放入一烤盏热水增加湿度。

·揉面拉出的膜要薄且结实,不可过于薄但也不可以揉不到位。太薄的膜力道无法支撑面团膨胀,而揉不到位的筋膜组织会给面团膨胀造成比较大的阻力,同样也会影响膨胀。

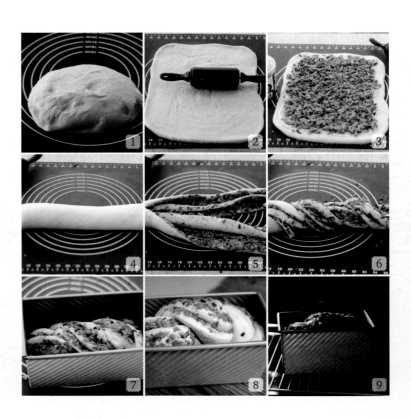

酸奶吐司

🧂 口味：甜　🍪 份数：2　🥣 模具：椭圆形乳酪蛋糕模具 2 个

这款面包烘烤时会有明显的奶香和杏仁香，如果你偏爱口感醇厚的吐司，还能再适量加点儿酸奶。

面团材料

高筋面粉280克
细砂糖35克
盐3克
奶粉10克
酵母3克
自制酸奶105克
全蛋液45克
水50克
无盐黄油20克

表面装饰

全蛋液适量
无盐黄油25克
杏仁粉25克
细砂糖25克
低筋面粉25克

做法

➤ 将面团材料中除无盐黄油以外的所有材料混合，揉成面团，揉至出粗膜状态时加入软化黄油，继续揉至可以拉出较为透明结实薄膜的完全阶段❶。

➤ 将揉好的面团盖保鲜膜，放在温暖湿润处进行基础发酵，至原来的2~2.5倍大，用手指蘸干粉戳洞后，不回缩、不塌陷❷。

➤ 将发酵好的面团取出，轻轻按压排气❸，称重后等分为4个小面团❹，滚圆后盖保鲜膜松弛20分钟❺。

➤ 取一个松弛好的面团，擀成椭圆形，翻面横放，用擀面杖将面团底端压薄❻。

➤ 卷起呈圆筒状❼，将两头搓尖❽。

➤ 两个一组放入椭圆奶酪模具中❾。

➤ 放在温度37℃左右、相对湿度75%的环境下，发酵至八分满。

➤ 发酵期间，将表面装饰中的无盐黄油、杏仁粉、细砂糖和低筋面粉混合，用手揉搓成碎，制成酥粒。

➤ 表面刷全蛋液，撒酥粒❿，放入提前预热的烤箱，中下层上下火170℃烘烤25分钟左右，上色后盖锡纸，出炉⓫脱模放凉后密封保存。

Tips

· 也可以使用市售酸奶，酌情增减液体量。

· 如果没有椭圆奶酪蛋糕模具，可以用450克吐司盒，所有材料乘以0.89，换算成250克高筋面粉的配方来做，烤箱180℃烘烤40分钟左右。

杏仁奶香吐司

口味：甜　　份数：1

面团材料

高筋面粉200克

低筋面粉50克

细砂糖40克

全蛋液30克

酵母3克

盐3克

奶粉10克

水135克

无盐黄油20克

杏仁酱材料

无盐黄油20克

糖粉20克

全蛋液18克

杏仁粉20克

低筋面粉5克

做法

➤ 将面团材料中除无盐黄油外的所有材料放入面包机桶内 **1**，启动和面程序，1个和面程序结束后，面团揉至稍具光滑状，加入软化的黄油 **2**，再次启动和面程序。

➤ 共计2个和面程序结束后，面团揉至完全阶段，可以拉出透明有韧性的薄膜。

➤ 启动面包机发酵程序，面团发酵至原来的2倍大 **3**。

➤ 取出发酵好的面团，按压排气，分成均匀的3等份，滚圆后松弛15分钟 **4**。

➤ 将一个面团擀成椭圆形 **5**，翻面后从一边卷起，依次将3个面团都整形成长条状 **6**。

➤ 编成麻花辫状 **7**。

➤ 捏紧两端后再放入面包机桶内，进行二次发酵，至原来的2倍大 **8**。

➤ 发酵期间，制作杏仁酱，无盐黄油在室温下软化，加入糖粉、全蛋液，搅打均匀，加入杏仁粉和低筋面粉，搅拌成面糊。

➤ 在发酵好的面团表面抹上杏仁酱 **9**。

➤ 选择"烘烤"模式，时间设定为35~40分钟，烘烤结束后，取出面包，放在晾网上晾至手心温度后装袋即可。

Tips

·面团揉好后，还可以根据喜好添加坚果或者果干，只要再次启动和面程序，揉1~2分钟即可。

·此配方为面包机版做法，烤箱版做法中使用450克吐司模具，面团材料用量为：高筋面粉280克、低筋面粉70克、细砂糖55克、全蛋液42克、酵母4克、盐4克、奶粉14克、水195克、无盐黄油30克；表面杏仁酱材料用量为：无盐黄油30克、糖粉30克、全蛋液25克、杏仁粉30克、低筋面粉5克。

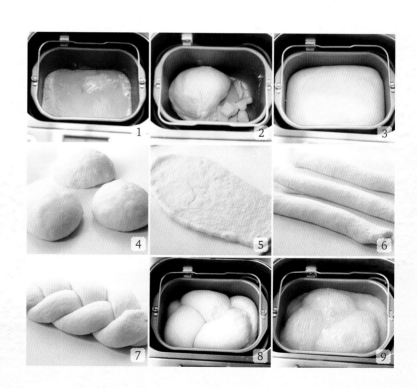

天然紫米吐司

🧂 口味：甜　　🍪 份数：1　　🍚 模具：450 克吐司模具 1 个

制作
200 分钟

烘烤
40 分钟

馅料的加入对面包的影响似乎比我们
想象中重要，比如这款紫米吐司，面包
心嚼起来能感受到面筋在唇齿间的撕
扯，先是咸味和酵母香气，然后尝到
甜味，口腔里回味淡淡的紫米香。

面团材料

高筋面粉240克

紫米粉35克

细砂糖25克

奶粉12克

酵母4克

盐2克

全蛋液30克

牛奶150克

无盐黄油30克

做法

➤ 将除无盐黄油以外的所有材料混合，揉成光滑、可以拉出粗膜的面团2。

➤ 加入软化黄油，继续揉至完全阶段3，可以拉出较为结实的透明薄膜4。

➤ 将揉好的面团放入容器5，盖上保鲜膜，放在25~28℃的环境中进行基础发酵，至原来的2~2.5倍大6，手指蘸粉戳孔，不回弹、不塌陷。

➤ 将发酵好的面团取出，轻拍排气，称重后分为3等份7，滚圆后盖保鲜膜松弛15分钟。

➤ 取一个松弛好的面团，擀成椭圆形8。

➤ 翻面后卷起成圆筒状9，盖上保鲜膜再次松弛15分钟。

➤ 取松弛好的面团，用擀面杖再次擀长成牛舌状10。

➤ 自上而下卷成1.5圈的圆筒状，依次做好3份面团11，放入吐司盒中。

➤ 放在温度38℃左右、相对湿度80%的环境下（建议用发酵箱），发酵至吐司盒九分满12。

➤ 放入预热好的烤箱，下层上下火170℃烘烤40分钟，烤好后从模具里取出侧放，放凉后装袋密封保存即可。

Tips

· 每台家用烤箱大小不同、品牌不同，都会导致温度有差异，所以烘烤的温度时间要根据自家烤箱灵活调整。

· 紫米粉也就是黑米粉，在超市一般都有售。

· 顶部上色满意后要及时盖锡纸。

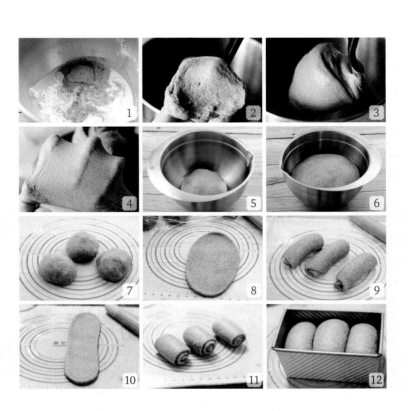

中种咖啡吐司

口味：甜　　份数：1　　模具：450克吐司模具1个

中种面团材料

高筋面粉 175 克

牛奶 100 克

酵母 2 克

盐 2 克

奶粉 5 克

主面团材料

高筋面粉 75 克

咖啡粉 5 克

盐 1 克

细砂糖 30 克

蜂蜜 20 克

牛奶 20 克

全蛋液 30 克

酵母 1 克

无盐黄油 25 克

做法

➤ 将中种面团材料混合揉成团 **1**，放在 5℃ 左右的冰箱里冷藏发酵 17~24 小时至 1.5 倍大 **2**。

➤ 将发酵好的中种面团取出撕碎，与除无盐黄油外的所有主面团材料混合 **3**。

➤ 揉成光滑的面团，加入软化黄油，继续揉至可以拉出大片透明结实薄膜的完全阶段 **4**。

➤ 将揉好的面团放入容器 **5**，盖上保鲜膜，放在 25~28℃ 的环境中进行基础发酵，至原来的 2~2.5 倍大，将发酵好的面团取出，轻拍排气。

➤ 称重后分成 8 等份 **6**，滚圆后盖保鲜膜松弛 15 分钟。

➤ 松弛结束后，再次将面团排气滚圆，排放在吐司模中 **7**。

➤ 放在温暖湿润处，二次发酵至吐司模八分满。

➤ 放入预热到 180℃ 的烤箱，中下层上下火烤 40 分钟 **8**，出炉后立刻脱模，放在晾网上晾凉至手心温度时密封保存。

Tips

· 冷藏发酵慢，中种面团的发酵时间仅供参考，要根据面团状态来延长或缩短发酵时间，以面团状态为准。中种面团从冰箱取出后无需回温，直接撕碎加入。

· 即使同一个品牌的面粉在不同季节里，面团吸水性都会产生变化，水量可以预留 10 克左右，揉面 5 分钟后酌情增减。合理的面团状态应该是柔软、湿润、有弹性且不粘手的。

· 咖啡粉不要用三合一的，要用纯咖啡粉口感才更香浓。

· 二次发酵的温度在 38℃ 左右为宜，不宜超过 40℃。

· 上色后要盖锡纸，火力和时间根据自家烤箱来调整。

花式餐包, 轻松露一手
全麦香葱芝麻餐包

制作
215 分钟

烘烤
15~18 分钟

■ 口味: 咸　　● 份数: 8

全麦面粉赋予了面包丰富的酸度, 外皮撒上芝麻和葱花, 被烤成深焦色, 虽然看起来其貌不扬, 但它那种粗犷又扎实的口感, 是其他面包无法比拟的。

面团材料

含麦麸的全麦面粉 100 克
高筋面粉 100 克
酵母 3 克
细砂糖 15 克
盐 3 克
全蛋液 20 克
牛奶 110 克
无盐黄油 15 克

表面装饰

白芝麻适量
葱花 20 克
全蛋液 20 克
植物油 5 克
盐少许
白胡椒粉少许

做法

➤ 将面团材料中除无盐黄油以外的所有材料放入面包机桶内，揉成出粗膜的光滑面团，加入软化黄油 1 ，继续揉至可以拉出大片透明结实薄膜的完全阶段。

➤ 将揉好的面团放入容器中，盖上保鲜膜，放在 25~28℃ 的环境中进行基础发酵，至原来的 2~2.5 倍大 2 ，手指蘸粉戳孔，不回弹、不塌陷。

➤ 将发酵好的面团取出，轻拍排气 3 ，称重后分为 8 等份 4 ，滚圆后盖保鲜膜，松弛 15 分钟。

➤ 取一个松弛好的面团，再次滚圆，表面刷上全蛋液 5 。

➤ 放入芝麻里蘸一下，让面团顶部均匀裹上一层白芝麻 6 。

➤ 将面团稍微压扁一些，用擀面杖的一端在面团中间用力按压出一个凹印 7 。

➤ 将葱花、全蛋液、植物油、盐和白胡椒粉混合，做成葱花馅，用小勺子填入面团中间的凹印处 8 。

➤ 将面团放在温暖湿润处，二次发酵至原来的 2 倍大，烤箱预热到 180℃，中层上下火烘烤 15~18 分钟，至表面呈金黄色即可 9 。

Tips

· 夏天的话，牛奶、水、鸡蛋这类液体最好先冷藏，避免和面时面团温度太高而提前发酵，影响面团出膜。

· 每台机器对应的和面时间不一样，一般面包机揉面需要 2 次和面程序，一共约 40 分钟。每个面包机的程序对应名称也不同，根据自家面包机选择相应程序即可。

蜂蜜小餐包

制作
160 分钟

烘烤
20 分钟

🍯 口味：甜　　🍪 份数：16　　🧁 模具：21.5 厘米 × 21.5 厘米正方形烤盘 1 个

面团材料

高筋面粉200克

低筋面粉50克

蜂蜜55克

盐2.5克

酵母3克

牛奶125克

全蛋液35克

无盐黄油25克

表面装饰

杏仁片适量

全蛋液适量

做法

➤ 将面团材料中除无盐黄油外的所有材料放入面包机桶内 **1**。

➤ 启动和面程序，约20分钟后加入软化的黄油 **2**，再次揉面20分钟左右至可以拉出大片透明结实薄膜的完全阶段。

➤ 将揉好的面团盖上保鲜膜，发酵至原来的2.5倍大 **3**。

➤ 取出发酵好的面团排气 **4**。

➤ 将面团分割成16等份，滚圆排放在烤盘里 **5**。

➤ 放在温暖湿润处，二次发酵至原来的2倍大，刷全蛋液，撒上杏仁片 **6**。

➤ 烤箱预热到180℃，烤20分钟左右至表面呈金黄色，取出放凉，密封保存。

炼乳胚芽小餐包

制作 250 分钟
烘烤 25 分钟

🍶 口味：甜　　🍪 份数：9　　🧁 模具：21.5 厘米 × 21.5 厘米正方形烤盘 1 个

中种面团材料

- 高筋面粉 180 克
- 水 105 克
- 酵母 3 克

主面团材料

- 高筋面粉 70 克
- 细砂糖 20 克
- 盐 3 克
- 炼乳 50 克
- 全蛋液 25 克
- 水 7 克
- 无盐黄油 25 克

表面装饰

- 全蛋液适量
- 小麦胚芽适量

做法

▶ 将中种面团材料混合揉匀 **1**，启动面包机发酵程序，将面团放温暖湿润处发酵至原来的约3倍大 **2**。

▶ 将中种面团撕成小块，与主面团中除无盐黄油以外的所有材料混合 **3**，启动和面程序，揉至面筋扩展、表面光滑。

▶ 加入软化的黄油 **4**，继续揉至面团可以拉出大片透明薄膜的完全阶段 **5**。

▶ 将面团放入盆中，盖上保鲜膜，发酵至原来的2倍大。

▶ 将面团取出排气后，均匀分成9等份，滚圆 **6**，盖上保鲜膜，松弛15分钟。

▶ 将松弛好的面团再次滚圆，排放在烤盘上，二次发酵至原来的2倍大。

▶ 表面刷上全蛋液，撒上小麦胚芽 **7**。

▶ 放入预热到180℃的烤箱，中层，上下火烤25分钟左右至表面金黄即可 **8**。

牛油果热狗包

🧁 口味:　　🍪 份数: 6

制作
200 分钟

烘烤
20 分钟

面团材料

高筋面粉210克
低筋面粉90克
无盐黄油30克
酵母34克
盐4克
糖35克
全蛋液30克
水165克

夹馅

煮鸡蛋2个
番茄酱1大匙
牛油果1个
金枪鱼碎适量

做法

➤ 将除无盐黄油外所有的面团材料放入面包机桶内[1]。启动和面程序,揉面15~20分钟后加入软化黄油,再次启动和面程序,揉面15~20分钟后,揉面结束[2]。

➤ 盖上保鲜膜,将面团放在温暖湿润处发酵至原来的2.5倍大[3]。

➤ 取出发酵好的面团,按压排出面团内气体,将面团分割成6等份[4],盖上保鲜膜松弛15分钟。

➤ 取一个面团擀成椭圆形面片,压扁底部[5]。将面片从上往下卷起[6]。

➤ 依次处理好所有的面团,将面包坯排放在烤盘中[7],放在温暖湿润处进行二次发酵,至原来的2倍大[8]。

➤ 烤箱180℃预热,中层烤20分钟左右至面包上色即可取出晾凉[9]。

➤ 牛油果切片,鸡蛋切片[10]。将热狗面包中间切一刀(不切断),夹上馅料,撒上金枪鱼碎,挤上番茄酱即可。

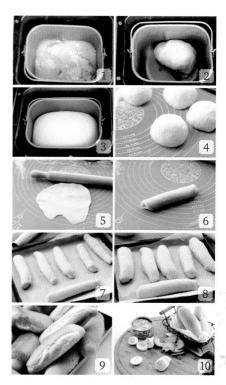

金枪鱼面包

🎂 口味：咸　　🍪 份数：8　　🧁 模具：直径 8 厘米,高 3 厘米的圆形纸托 8 个

面团材料

- 高筋面粉 250 克
- 细砂糖 15 克
- 盐 3 克
- 酵母 3 克
- 全蛋液 35 克
- 水 130 克
- 无盐黄油 15 克

表面装饰

- 全蛋液适量
- 金枪鱼块半盒(约 90 克)
- 玉米粒适量
- 沙拉酱 1 大匙(做法见 196 页)

做法

➤ 将面团材料里除无盐黄油以外的所有材料混合 1 。

➤ 揉到面团光滑能出粗膜时,加入软化黄油继续揉至面团能拉出比较结实的半透明薄膜 2 。

➤ 将面团收圆放入盆中 3 ,盖上保鲜膜,放在温暖湿润处进行基础发酵,至原来的 2.5 倍,用手指蘸面粉戳个洞 4 ,洞口不会马上回缩或塌陷即可。

➤ 取出发酵好的面团,按压排出面团内气体 5 。将面团分割成 8 份 6 ,滚圆,盖上保鲜膜松弛 15 分钟。

➤ 取一份面团,擀成圆形的面片 7 。将圆形的面片放入面包纸托内,用手按压成中间薄两边厚的凹陷状 8 ,放入烤盘。

➤ 将烤盘放在温暖湿润环境下二次发酵至原来的 2 倍大,刷蛋液,中间铺上金枪鱼块、玉米粒,再挤上沙拉酱 9 。

➤ 烤箱 180℃预热好以后,中层烤 20 分钟左右即可 10 。注意观察面包上色情况,适当调整烘烤温度和时间,若中途上色合适要及时加盖锡纸,防止上色过度。

蒜香欧芹鲜奶面包

制作
200 分钟

烘烤
25 分钟

■ 口味：咸　　● 份数：8

面团材料

高筋面粉 200 克

低筋面粉 50 克

细砂糖 20 克

盐 3 克

酵母 3 克

全蛋液 30 克

牛奶 132 克

无盐黄油 25 克

夹馅 (蒜蓉欧芹馅)

无盐黄油 25 克

盐 1 克

蒜蓉 12 克

欧芹碎 1 小勺

做法

➤ 将面团材料里除无盐黄油以外的所有材料混合**1**，揉至面团光滑、面筋扩展，加入软化黄油，继续揉至能拉出薄且有韧性膜的扩展阶段**2**。

➤ 将面团滚圆，装入容器中，放在温暖湿润处进行基础发酵，至原来的 2.5 倍大，用手指蘸面粉在面团上戳个洞，洞口不回缩、不塌陷即发酵完成**3**。

➤ 取出发酵好的面团，排气后分成等量的 8 个面团**4**，滚圆后盖上保鲜膜，松弛 15 分钟。

➤ 将松弛好的面团擀成椭圆形，翻面后压薄底边，从上往下卷起成橄榄形**5**，捏紧收口处。

➤ 收口朝下，整齐排放在烤盘中**6**，放在温暖湿润处二次发酵至原来的 2 倍大。

➤ 将蒜蓉欧芹馅材料中的无盐黄油放室温下软化，和其他材料混合拌匀，装入裱花袋内**7**，前端剪一个小口。

➤ 用割包刀在发酵好的面包坯中间划一道刀口，深度不超过 1 厘米**8**，在划开的刀口处挤上蒜蓉欧芹馅**9**。

➤ 放入预热好的烤箱，中层 180℃上下火烤约 20 分钟至表面呈金黄色，出炉后立刻脱模，放凉。

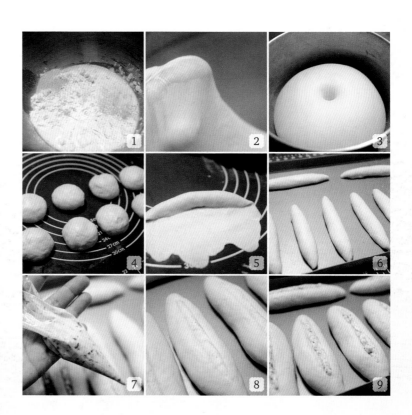

Tips

·欧芹(Parsley)，也被称作西洋香菜，属于西式调味料，没有的话也可以用干香葱碎。

黑椒里脊汉堡包

制作
200 分钟

烘烤
18 分钟

口味：咸　　份数：8

中种面团材料

高筋面粉230克
低筋面粉20克
水120克
酵母3克
细砂糖35克
盐3克
鸡蛋液28克
黄油25克

表面装饰

鸡蛋液适量
黑芝麻1汤匙

夹馅

番茄2个
猪里脊肉片100克
芝士片8片
生菜叶8片
鸡蛋4个
盐适量
黑胡椒粉适量
生抽1汤匙
水淀粉1汤匙

Tips

·汉堡包的夹馅可以根据个人
口味灵活搭配。

做法

➤ 将面团材料中除无盐黄油外的所有材料放入面包机桶内1。

➤ 选择和面程序，约15~20分钟后加入软化的黄油，再次启动和面程序2，继续揉15~20分钟，和面结束，面团揉至扩展阶段。

➤ 揉好的面团盖上保鲜膜，放在温暖湿润处发酵至原来的2~2.5倍大3。取出发酵好的面团，按压排出面团内空气，平均分割成8份4。将面团整成圆形，排放在烤盘中5，放在温暖湿润处二次发酵至原来的2倍大。

➤ 刷上鸡蛋液，撒上黑芝麻6。烤箱预热180℃，放在中层烘烤约18分钟，汉堡坯就做好了。

➤ 准备好汉堡坯和夹馅材料7。

➤ 猪里脊肉切薄片，加盐、黑胡椒粉、生抽、水淀粉抓匀，腌15分钟8。

➤ 平底锅里倒少许油烧热，放入腌好的猪里脊肉片煎熟9。

➤ 再将鸡蛋煎熟，番茄洗净切成薄片，生菜叶洗净沥干水分备用10。

➤ 汉堡从中间横切成两半，取一半汉堡坯，放上生菜叶、芝士片、番茄片、猪里脊肉片、煎蛋11。

➤ 最后覆盖上另外一半汉堡坯即可12。

肠仔包

口味：咸　　份数：8

面团材料

高筋面粉200克

低筋面粉50克

细砂糖20克

盐3克

酵母3克

全蛋液25克

水142克

无盐黄油20克

夹馅

熟小香肠8根

表面装饰

全蛋液适量

沙拉酱1大匙(做法见196页)

番茄酱1大匙

罗勒碎或香葱碎少许

做法

➤ 将面团材料里除无盐黄油以外的所有材料混合 **1**，揉到面团光滑、能出粗膜时，加入软化黄油，继续揉至面团能拉出比较结实的半透明薄膜 **2**。

➤ 将面团收圆，放入盆中，盖上保鲜膜，在温暖湿润处进行基础发酵，至原来的2倍大，用手指蘸面粉戳个洞，洞口不会马上回缩或塌陷即发酵完成 **3**。

➤ 取出发酵好的面团，按压排出面团内气体，将发酵好的面团分割成8份，滚圆 **4**，盖上保鲜膜，松弛15分钟。

➤ 取一份面团，擀成椭圆形的面片 **5**。

➤ 翻面后擀薄底部，卷成长条状 **6**，捏紧收口，再搓成长约25厘米的长条 **7**。

➤ 将长条对折，两头衔接处捏紧，中间放上香肠 **8**，依次处理好所有的面团，整齐排放在烤盘中。

➤ 放在约35℃的温暖环境下二次发酵至原来的2倍大，表面刷全蛋液，将沙拉酱和番茄酱分别装入8齿花嘴的裱花袋内，袋子前端剪一个小口子，以"Z"形挤在面包坯上，再撒上罗勒碎或香葱碎 **9**。

➤ 烤箱预热到170℃，中层烤18分钟左右即可。

糯米粉餐包

🔲 口味：甜　　🍪 份数：12　　🧁 模具：12连麦芬蛋糕模具1个

制作
190分钟

烘烤
15分钟

面团材料

高筋面粉210克

糯米粉40克

细砂糖28克

盐3克

奶粉10克

酵母3克

全蛋液35克

牛奶130克

无盐黄油20克

表面装饰

无盐黄油适量

做法

➤ 将面团材料中除无盐黄油以外的所有材料混合 **1**。

➤ 揉至面团光滑、面筋扩展，加入软化的黄油，继续揉至能拉出薄且有韧性膜的完全阶段 **2**。

➤ 将面团滚圆放入容器中，放在温暖湿润处进行基础发酵，至原来的2.5倍大，用手指蘸面粉在面团上戳个洞，洞口不回缩、不塌陷 **3**。

➤ 取出发酵好的面团排气，分成24等份，滚圆 **4**，盖上保鲜膜松弛10分钟。

➤ 将松弛好的面团再次滚圆，搓成椭圆形，每2个小面团整齐排放在模具中 **5**。

➤ 放在温暖湿润处二次发酵至原来的2倍大 **6**。

➤ 将表面装饰用黄油放室温下软化，装入裱花袋内，袋子前端剪一个小口子，挤适量黄油在两个面团中间 **7**。

➤ 放入预热好的烤箱，中层上下火180℃烤约15分钟 **8**。

红豆面包

🍯 口味：甜　　🍪 份数：6　　🐚 模具：450 克吐司模具 1 个

制作
180 分钟

烘烤
30 分钟

面团材料

高筋面粉250克
全蛋液28克
牛奶60克
酵母3克
水68克
无盐黄油30克
细砂糖35克
盐2克

夹馅

蜜豆馅适量
（做法见199页）

表面装饰

全蛋液适量
杏仁片适量

做法

➤ 将面团材料里除无盐黄油外的所有材料放入面包机桶内 1，启动和面程序，约20分钟后加入软化黄油，再次揉面20分钟左右至出膜 2。

➤ 启动面包机发酵程序，使面团发酵至原来的2.5倍大 3。

➤ 取出发酵好的面团，排气，分割成3等份，滚圆后盖保鲜膜，松弛10分钟。

➤ 取一份面团，擀成椭圆形，翻面后，撒上蜜豆馅 4，卷起。

➤ 将面团从中间一切为二 5。

➤ 排放在模具中 6。

➤ 放温暖湿润处，二次发酵至原来的2倍大，表面刷全蛋液，撒杏仁片 7。

➤ 烤箱预热到180℃，烤30分钟左右至表面呈金黄色即可 8。

花生酱手撕面包

🧂 口味：甜　　🍪 份数：1　　🐚 模具：7 寸中空戚风蛋糕模具 1 个

面团材料

高筋面粉 300 克
牛奶 185 克
奶粉 40 克
细砂糖 45 克
盐 3.5 克
无盐黄油 32 克
酵母 3.5 克

夹馅

香浓花生酱 5 大匙（做法见 196 页）

做法

➤ 将面团材料中除无盐黄油以外的所有材料混合，揉成光滑的面团，加入软化黄油，继续揉至完全阶段，即可以拉出大片透明结实的薄膜 1。

➤ 将揉好的面团放入容器，盖上保鲜膜，放在 25~28℃的环境中进行基础发酵，至原来的 2~2.5 倍大，手指蘸粉戳孔，不回弹、不塌陷 2。

➤ 将发酵好的面团取出，轻拍排气 3，滚圆后盖保鲜膜，松弛 20 分钟。

➤ 将面团擀成长方形的薄面片 4，均匀抹上花生酱 5，再将面片切成 6 等份 6。

➤ 将切好的长条形面片一片片叠加起来 7。

➤ 再切成等大的小方块状 8。

➤ 将面块横铺在模具内 9，放在温暖湿润处进行二次发酵，至原来的 2 倍大 10。

➤ 烤箱预热到 180℃，放入中下层，上下火烤 25~30 分钟至表面呈金黄色，脱模放凉，密封保存。

培根奶酪花儿卷

制作
175 分钟

烘烤
25 分钟

🍶 口味：咸　🍪 份数：5　🧁 模具：6 寸圆形模具 1 个

面团材料

高筋面粉 250 克
水 90~100 克
牛奶 35 克
全蛋液 30 克
奶粉 10 克
无盐黄油 25 克
盐 3 克
即发干酵母 3 克
细砂糖 30 克

夹馅

培根 3 片
奶酪片 6 片

表面装饰

全蛋液适量

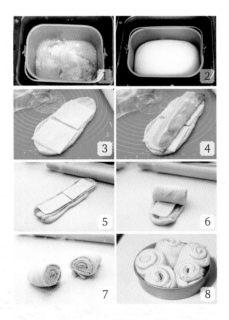

做法

➤ 将面团材料中除无盐黄油外的所有材料放入面包机桶内 **1**，启动和面程序，15 分钟后和面结束，加入软化黄油，再次启动和面程序，将面团揉至光滑状。

➤ 将面团收圆后放在温暖湿润处，发酵至原来的 2.5 倍大 **2**。

➤ 取出发酵好的面团，按压排出面团内气体，将面团分割成 3~4 等份，盖上保鲜膜，松弛 15 分钟。

➤ 取一份面团，擀成椭圆形，先铺上 1 片奶酪片 **3**，再铺上 1 片培根 **4**，然后再铺上 1 片奶酪片 **5**。

➤ 卷起后 **6**，用刀从中间切成两半 **7**。

➤ 依次做好其余面团，排放在圆形烤盘中。

➤ 放在温暖湿润处二次发酵至原来的 2 倍大 **8**，表面刷上全蛋液。

➤ 烤箱预热到 180℃，放入面包，烤约 25 分钟至表面呈金黄色。

卡仕达排包

口味：甜　　份数：6　　模具：21.5 厘米 × 21.5 厘米正方形烤盘 1 个

面团材料

高筋面粉260克

卡仕达酱160克

细砂糖25克

盐2克

酵母4克

牛奶70克

无盐黄油25克

夹馅(卡仕达酱)

蛋黄2个

细砂糖20克

高筋面粉30克

牛奶130克

表面装饰

全蛋液适量

卡仕达酱35克

做法

▷ 将面团材料中除无盐黄油外的所有材料放入面包机桶内 **1**。

▷ 启动和面程序,约20分钟后加入软化的黄油,再次揉面20分钟左右至可以拉出大片透明结实薄膜的完全阶段。

▷ 将揉好的面团盖上保鲜膜,发酵至原来的2.5倍大。

▷ 发酵期间,制作卡仕达酱:将卡仕达酱的所有材料放入锅内 **2**,混合搅拌均匀 **3**,小火煮至糊状 **4**,冷藏1小时以上备用。

▷ 取出发酵好的面团 **5**,排气后分割成6等份 **6**,滚圆,盖上保鲜膜松弛15分钟。

▷ 取一份面团,擀成椭圆形,翻面后擀薄底边 **7**,再卷成长条形 **8**,依次卷好,排放于烤盘中 **9**。

▷ 放温暖湿润处二次发酵至原来的2倍大 **10**。

▷ 面团表面刷全蛋液,将卡仕达酱装入裱花袋中,在面包坯表面挤3条 **11**。

▷ 烤箱预热到180℃,上下火烤20分钟左右至表面呈金黄色,取出放凉 **12**,密封保存。

Tips

· 基础发酵时的温度不建议超过28℃,发酵不可过度但一定要到位。第二次发酵建议不要超过38℃,要控制发酵时的环境温度均匀,避免局部温度过高而影响面包口感。

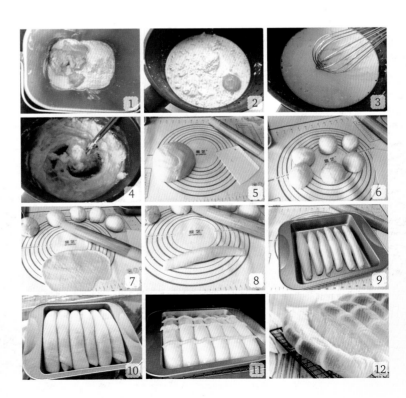

蔓越莓奶酪软排包

🧂 口味：甜　　🍪 份数：6　　🥣 模具：24 厘米 ×24 厘米正方形烤盘 1 个

中种面团材料

高筋面粉210克

酵母3克

奶粉5克

全蛋液30克

水100克

主面团材料

高筋面粉90克

盐4克

细砂糖45克

奶粉10克

无盐黄油30克

水55克

夹馅 (蔓越莓奶酪馅)

奶油奶酪200克

糖粉20克

蔓越莓干20克

表面装饰

全蛋液适量

无盐黄油25克

杏仁粉25克

细砂糖25克

低筋面粉25克

做法

➤ 将中种面团的所有材料混合，揉成面团，放温暖湿润处发酵至原来的3~4倍大。

➤ 将中种面团撕成小块，与主面团中除无盐黄油以外的所有材料混合，揉至光滑，加入软化的黄油，继续揉至可以拉出较为结实的透明薄膜 1 。

➤ 将面团盖保鲜膜，松弛20分钟，分成6等份，滚圆 2 ，盖保鲜膜松弛15分钟左右。

➤ 松弛期间，将奶油奶酪软化，加入糖粉，搅打至顺滑，再加入蔓越莓干，拌匀 3 。

➤ 将松弛好的面团擀成椭圆形 4 ，翻面，并将底部边缘压薄，挤入适量蔓越莓奶酪馅 5 。

➤ 从上往下卷起，捏紧两端收口处，略微搓长到与模具等宽 6 。

➤ 依次做好后，放入方形烤盘中 7 ，放在温暖湿润处进行二次发酵。

➤ 发酵期间，将表面装饰中的无盐黄油、杏仁粉、细砂糖和低筋面粉混合，用手揉搓成碎，制成酥粒。

➤ 面团发酵至原来的2.5倍大，表面刷全蛋液，撒酥粒 8 。

➤ 烤箱预热到160℃，中下层，上下火烤22分钟左右，中途上色合适后及时加盖锡纸。出炉后脱模放凉 9 。

Tips

· 我用的是24厘米的方形烤盘，可以根据自家烤盘大小调整面团长度，若二发后的面团不够大，烤出的排包会不够饱满。

椰蓉排包

制作
180 分钟

烘烤
20 分钟

🍰 口味：甜　　🍪 份数：6　　🧁 模具：21.5 厘米 ×21.5 厘米烤盘 1 个

面团材料

高筋面粉 300 克
奶粉 12 克
牛奶 150 克
全蛋液 40 克
盐 3 克
细砂糖 45 克
无盐黄油 25 克
酵母 3.5 克

夹馅 (椰蓉馅)

无盐黄油 50 克
细砂糖 40 克
奶粉 20 克
全蛋液 50 克
椰蓉 100 克
牛奶 30 克

表面装饰

全蛋液适量

做法

➤ 将面团材料中除无盐黄油以外的所有材料放入面包机桶,启动和面程序,20分钟后,加入已切小块并软化的黄油,继续揉面约20分钟至完全阶段**1**,启动面包机发酵程序,至原来的2倍大**2**。

➤ 发酵期间制作椰蓉馅:无盐黄油软化后,用手动打蛋器打匀,加入细砂糖和奶粉,搅打均匀,再加入全蛋液,搅打均匀,加入椰蓉拌匀,最后加入牛奶,拌匀备用。

➤ 取出发酵好的面团按压扁,排出面团内的气体**3**。

➤ 将面团擀成宽约25厘米的薄面片,在面片上铺上椰蓉馅,并留1/3处不要铺**4**,将没有铺椰蓉馅的面片折叠**5**,覆盖在铺满椰蓉馅的面片上,将剩余部分再次折叠上去,形成一个3层的面坯**6**。

➤ 均匀切成6等份**7**,取1份捏起两端,扭两圈**8**,放在烤盘上。

➤ 依次处理好所有的面包坯**9**,盖上烤盘盖子,放在温暖处二次发酵至原来的2倍大**10**。

➤ 表面刷全蛋液,烤箱预热到180℃,中层烤约20分钟至表面呈金黄色即可**11**。

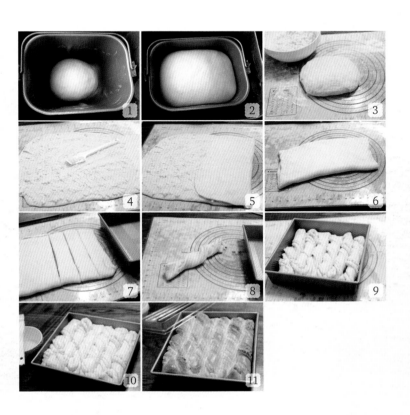

Tips

· 注意扭面包时不要扭得太紧了。

· 烤面包时,轻拿轻放,避免面包变形。

· 适合作餐前小点心或者配餐食用。如果放保鲜袋密封保存,食用前最好进烤箱加热,味道更佳。

Part 3

是时候晋级了

孩子爱吃的卡通造型包
小兔香肠面包

🧂 口味：咸　　🍪 份数：6

制作
225 分钟

烘烤
18 分钟

用烤熟的香肠做成"胡萝卜"咬
起来才香呢！也许因为这个面包，
孩子或许会爱上吃胡萝卜呢！

面团材料

高筋面粉250克
细砂糖35克
盐3克
酵母3.5克
全蛋液25克
牛奶135克
无盐黄油30克

夹馅

烤熟的小香肠6根

表面装饰

全蛋液适量
黑巧克力少许

做法

➤ 将面团材料里除无盐黄油以外的所有材料混合 **1**，揉到面团光滑能出粗膜时，加入软化黄油，继续揉至面团能拉出大片薄膜的完全阶段 **2**。

➤ 将面团收圆，放入盆中，盖上保鲜膜，在温暖湿润处进行基础发酵，至原来的2.5倍左右大，用手指蘸面粉戳个洞，洞口不会马上回缩或塌陷即发酵好了 **3**。

➤ 取出发酵好的面团，按压排出面团内气体，分割成6份 **4**，滚圆，盖上保鲜膜松弛15分钟。

➤ 取一份面团，擀成椭圆形的面片，翻面后卷成长条状 **5**，捏紧收口，依次卷好所有面团。

➤ 取出一个卷好的面团，搓成大约40厘米的长条形 **6**。

➤ 将长条蘸少许面粉，对折，将小香肠放在长条上 **7**。

➤ 将长端的条状面团穿进对折处的小洞里 **8**，再将另一根长条也穿进去，稍整理下兔子的形状。

➤ 依次处理好所有面团，整齐排放在烤盘中 **9**，放温暖湿润处进行二次发酵，至原来的2倍左右大小，表面刷全蛋液 **10**。

➤ 烤箱预热到170℃，中层烤18分钟左右 **11**，烤好后放在晾网上放凉，将黑巧克力装入裱花袋中，放入温水里浸泡至熔化，再将裱花袋前端剪一个很小的口子，用熔化的黑巧克力液画出兔子眼睛即可 **12**。

小蜗牛面包

制作
220 分钟

烘烤
15 分钟

口味：甜　　份数：9

一款好的面包，除了味道上的唇齿留香，还要造型上的夺人眼球。充分开启自己的想象力和创造力，在宝贝心目中，就会变成了不起的"魔法师"。

面团材料

高筋面粉160克

低筋面粉40克

即发干酵母2.5克

细砂糖35克

盐2.5克

全蛋液30克

牛奶95克

无盐黄油25克

表面装饰

全蛋液少许

卡仕达酱少许(做法见81页)

黑巧克力少许

做法

➤ 将面团材料中除无盐黄油以外的所有材料放入面包机桶内 1，启动和面程序，1个和面程序结束后，面团被揉到了表面略光滑的状态，可以拉出较厚的膜，并且裂洞边缘是不圆滑的 2。

➤ 加入软化的黄油，再次启动和面程序，第2次和面程序结束后，面团被揉至光滑的状态，可以拉出光滑的薄膜，用手指捅破，破洞边缘光滑 3。

➤ 将面团收圆，盖上保鲜膜进行基础发酵，放在温暖湿润处发酵至原来的2~2.5倍大 4。

➤ 将面团取出，按压排出面团内的空气 5，分割出30克和12克的面团各9个 6，分别滚圆后盖上保鲜膜，松弛15分钟。

➤ 将松弛后的大面团擀成椭圆形 7，翻面后自上而下卷成条 8，然后搓成长度约25厘米的长条 9。

➤ 将长条盘成卷 10，再将小面团搓成长长的锥形 11，做成蜗牛的样子 12。

➤ 依次处理好所有的面团，将做好的面包坯铺在烤盘上。

➤ 放温暖湿润处进行二次发酵，至原来的2倍大，发酵结束后表面刷上全蛋液，在蜗牛壳的螺旋处挤上稍细的卡仕达酱 13。

➤ 放入预热到180℃的烤箱，中层，开上下火，烘烤15分钟至面包表面呈金黄色 14。

➤ 出炉晾凉后，黑巧克力装入裱花袋中，放入温水里浸泡至熔化，再将裱花袋前端剪一个很小的口子，用黑巧克力液画出蜗牛眼睛和嘴巴即可 15。

巧克力小熊挤挤包

制作
27小时

烘烤
20分钟

口味：甜　　份数：16　　模具：21.5厘米×21.5厘米烤盘1个

中种面团材料

高筋面粉150克

细砂糖5克

牛奶95克

酵母3克

主面团材料

高筋面粉100克

可可粉12克

细砂糖45克

盐2.5克

全蛋液50克

淡奶油53克

无盐黄油20克

夹馅

巧克力60克

表面装饰

全蛋液适量

黑巧克力少许

白巧克力少许

做法

➤ 将中种面团的所有材料混合，揉成面团，冷藏发酵24小时至原来的2倍大 **1**。

➤ 将发酵好的中种面团撕成小块，与主面团中除无盐黄油以外的所有材料混合 **2**，揉成出粗膜的光滑面团，加入软化的黄油 **3**，继续揉至可以拉出大片透明结实薄膜的完全阶段 **4**。

➤ 放在面包机桶内进行基础发酵 **5**，至原来的2~2.5倍大 **6**。

➤ 将发酵好的面团取出，轻拍排气，先分割出一个64克的面团(做小熊耳朵用)，剩下的面团平均分成16份(做小熊头部用)，将面团滚圆 **7**，盖保鲜膜松弛15分钟。

➤ 取一个松弛好的面团，擀成圆形，翻面，放上约15克巧克力 **8**，包圆，捏紧收口处，依次包好所有面团，收口朝下，排放在烤盘中 **9**，放温暖湿润处进行二次发酵，至原来的2倍大。

➤ 发酵期间，将做耳朵用的面团平均分成32份，搓成小球状，盖保鲜膜备用。取出发酵好的面团，将做耳朵用的小面团蘸水粘在每个面团上方位置，表面刷全蛋液 **10**。

➤ 烤箱预热到180℃，下层上下火170℃烘烤约20分钟，出炉后放凉 **11**。

➤ 将黑巧克力和白巧克力分别装入裱花袋中，放入温水里熔化成液体，在面包上用巧克力液画上小熊的五官即可 **12**。

Tips

· 小熊的耳朵主要用于装饰，不需要发太大，所以二次发酵后再做小熊的耳朵也可以。

· 一定要等面包凉了以后再用巧克力液画小熊五官，不然巧克力液难以凝固。

小猫挤挤包

口味：甜　　份数：16　　模具：24厘米×21厘米长方形烤盘1个

制作
105分钟

烘烤
25分钟

面团材料

高筋面粉250克
低筋面粉50克
全蛋液40克
奶粉15克
盐3克
酵母4克
细砂糖55克
水150克
无盐黄油30克

表面装饰

大杏仁32粒
黑巧克力适量
高筋面粉适量

做法

➤ 将高筋面粉、低筋面粉、酵母、奶粉、细砂糖、盐放入厨师机搅拌桶内 **1**，用筷子将这些干性材料混合均匀。

➤ 加入全蛋液和水 **2**，用筷子搅拌至基本看不见干粉，装上搅面棒，启动厨师机4挡，揉约8分钟 **3**。

➤ 检查面团，可拉出较厚的薄膜 **4**，膜的破洞不平整有锯齿状。这时加入软化的黄油 **5**。

➤ 继续启动厨师机4挡，揉面约10分钟 **6**。面团揉至完全阶段，能拉出大片结实的薄膜 **7**，破洞边缘光滑，揉面结束。

➤ 面团滚圆后发酵至两倍大，戳洞不回缩不塌陷即第一次发酵结束（发酵时间不是固定的，温度不同发酵时间也不一样，要多观察面团状态）**8**。

➤ 将面团取出按压排气后分割出16个35克左右的小面团，盖上保鲜膜松弛15分钟，再次滚圆排入烤盘中 **9**。

➤ 整形好的面包团放在温暖湿润处发酵，至原来的2倍大 **10**。在面团上方插入大杏仁 **11**，面团表面筛少许高筋面粉。

➤ 烤箱175℃预热5分钟，中层中下火 **12**，烤约25分钟 **13**。出炉后脱模放在晾网上晾凉，扫去表面多余面粉。

➤ 巧克力隔温水熔化，将巧克力液装入一次性裱花袋里，前端剪一个很小的口子，在面包上画上小猫的表情即可 **14**。

香蕉面包

制作
200 分钟

烘烤
12~15 分钟

🧂 口味：甜　　🍪 份数：8

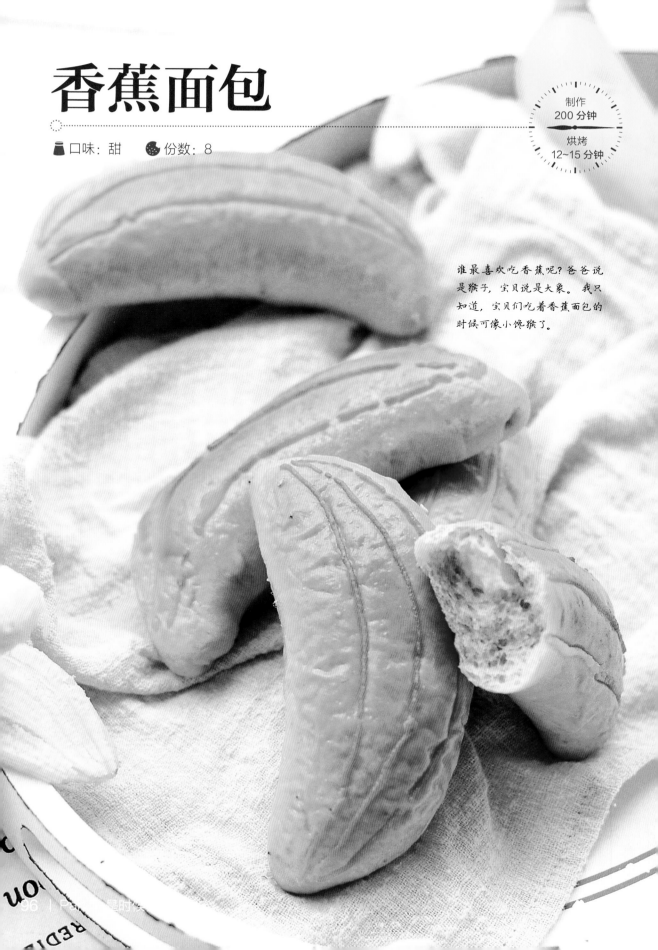

谁最喜欢吃香蕉呢？爸爸说是猴子，宝贝说是大象。我只知道，宝贝们吃着香蕉面包的时候可像小馋猴了。

面团材料

高筋面粉 185 克
低筋面粉 15 克
炼乳 20 克
盐 2 克
酵母 2.5 克
香蕉泥 115 克
牛奶 50 克
无盐黄油 15 克

夹馅 (卡仕达酱)

蛋黄两个
细砂糖 20 克
高筋面粉 30 克
牛奶 130 克

表面装饰

全蛋液 30 克

做法

➤ 将成熟的香蕉用勺子碾压成香蕉泥，和除无盐黄油外的面团材料混合 **1**。

➤ 揉成光滑的面团，加入软化黄油继续揉至完全阶段 **2**。

➤ 揉好的面放入容器盖上保鲜膜，放在 25~28℃ 的环境中进行基础发酵至原来的 2~2.5 倍大，手指蘸粉戳孔不回弹、不塌陷 **3**。

➤ 将发酵好的面团取出，轻拍排气，分成 8 等份，滚圆后盖保鲜膜松弛 15 分钟 **4**。

➤ 将卡仕达酱所有材料放入锅内 **5**，混合搅拌均匀 **6**，小火煮至糊状即可 **7**。

➤ 将面团擀成椭圆形面片，每个面片挤上约 20 克的卡仕达酱 **8**，注意留一些卡仕达酱最后作表面装饰用。

➤ 从上向下卷起来，边卷边压紧两边收口 **9**。

➤ 最后调整成弯弯的香蕉造型。依次将所有面团整形好，整齐地排放在烤盘中 **10**。放在温暖湿润处二次发酵至原来的 2 倍大，在面包坯表面刷上全蛋液。将剩余的卡仕达酱装入裱花袋中，裱花袋前端剪一个很小的口子，以线条状挤在香蕉面包坯表面 **11**。

➤ 烤箱 180℃ 预热，中层，上下火烤约 12~15 分钟至表面金黄色 **12**，烤好后脱模放凉后密封保存。

Tips

· 夹馅材料一般可以做成 195 克卡仕达酱，剩下的酱料可以用来装饰表面。

椰蓉叶子面包

🍚 口味：甜　　🍪 份数：4

制作
230 分钟

烘烤
20 分钟

椰蓉叶子面包，个头不大却挡
不住阵阵香味，新鲜烘烤后
被摆在竹编筐里，颇有重返森
林的感觉。

面团材料

高筋面粉200克

细砂糖35克

盐2克

酵母3克

全蛋液20克

浓稠酸奶45克

牛奶70克

无盐黄油15克

夹馅（椰蓉馅）

椰蓉35克

细砂糖20克

无盐黄油18克

奶粉8克

全蛋液25克

表面装饰

全蛋液适量

做法

➤ 将面团材料里除无盐黄油以外的所有材料混合 **1**，揉到面团光滑能出粗膜时，加入软化的无盐黄油，继续揉至扩展阶段。

➤ 将面团收圆放入盆中 **2**，盖上保鲜膜，在温暖湿润处进行基础发酵，至原来的2倍大 **3**。

➤ 取出发酵好的面团，按压排出面团内气体，将发酵好的面团分割成4份 **4**，滚圆，盖上保鲜膜，松弛15分钟。

➤ 将夹馅材料里除无盐黄油外的所有材料混合，拌匀后加入软化黄油，用刮刀拌匀，分成4等份备用。

➤ 取一份面团，擀成圆形的面片，包上一份椰蓉馅 **5**，包圆，捏紧收口，收口处朝下摆放。

➤ 用擀面杖将包好椰蓉馅的面团擀成椭圆形 **6**，翻面后，将一边折过来 **7**。

➤ 然后再将另一边翻过去 **8**。

➤ 用刀在中间划一刀 **9**，注意不要将两头切断。

➤ 将尖的一头从中间刀口处穿过 **10**。

➤ 翻面整理好形状 **11**，依次处理好所有的面团，整齐排放在烤盘中，放在约35℃的温暖环境下进行二次发酵，至原来的2倍大，表面刷全蛋液 **12**。

➤ 烤箱预热到170℃，中层烤20分钟左右即可。

Tips

·确认发酵状态，除了用手指戳面团外，还有一个方法：目测面团表面。若有明显的沾黏感且有湿气，就是发酵还未完成；若表面干燥且带有酒精味道，就表示发酵过度。

培根奶酪手撕面包

🫙 口味：咸　　🍪 份数：1　　🧁 模具：7 寸中空戚风蛋糕模具 1 个

制作
215 分钟

烘烤
30 分钟

汤种面团材料

高筋面粉20克
开水20克

主面团材料

高筋面粉175克
低筋面粉50克
酵母3克
细砂糖30克
盐3克
奶粉12克
全蛋液20克
牛奶110克
无盐黄油25克(可增加5克左右用于抹模具)

夹馅

培根3片
马苏里拉奶酪60克
小葱30克
肉松20克
植物油少许

做法

➤ 将汤种面团材料混合,搅拌均匀成汤种,放凉备用 **1**。

➤ 将主面团材料里除无盐黄油以外的所有材料和汤种(约38克)混合 **2**,揉至面团光滑、面筋扩展,加入软化黄油,继续揉至能拉出薄且有韧性膜的完全阶段,将面团滚圆放入容器中。

➤ 放在温暖湿润处进行基础发酵,至原来的2.5倍大,用手指蘸面粉在面团上戳个洞,洞口不回缩、不塌陷即发酵完成 **3**。

➤ 取出发酵好的面团排气,重新滚圆,松弛20分钟,用擀面杖擀成约1厘米厚的长方形面片 **4**。

➤ 培根切碎,煎至出油备用,小葱洗净沥干水,切成葱花,马苏里拉奶酪切碎,软化后备用 **5**。

➤ 在面片上用刷子抹薄薄的一层植物油,撒上葱花,再将面片切成边长为3~4厘米的小方块 **6**。

➤ 中空模具内壁以及烟囱形部位均匀抹一层软化黄油防粘,将小面包方块铺在模具底部,铺满一层后撒上培根碎、马苏里拉奶酪碎和肉松 **7**。

➤ 接着再放一层面包块,继续撒上培根碎、马苏里拉奶酪碎和肉松,直到全部铺满 **8**。

➤ 放在温暖湿润处进行二次发酵,至原来的2倍大。

➤ 烤箱预热到180℃,下层烤30分钟至表面呈金黄色即可。

红曲蔓越莓花型吐司

制作
195 分钟

烘烤
30~35 分钟

口味：甜　　份数：1　　模具：450 克梅花形吐司模具 1 个

阳光明媚的清晨来份面包，香
气四溢的花型吐司搭配果酱，
再配上一杯温热的全脂牛奶，
开启活力的一天。

面团材料

高筋面粉220克
低筋面粉30克
红曲粉3克
酵母3克
细砂糖45克
盐3克
牛奶165克
无盐黄油20克

夹馅

蔓越莓干50克

做法

▷ 将面团材料中除无盐黄油外的所有材料混合❶，揉到面团光滑、产生筋度的扩展阶段，加入软化黄油❷，继续揉至能拉出大片透明结实薄膜的完全阶段❸。

▷ 将揉好的面团放入容器❹，盖上保鲜膜，放在温暖湿润处进行基础发酵，至原来的2倍左右大小❺。

▷ 将发酵好的面团按压排气，滚圆❻，盖上保鲜膜松弛15分钟。

▷ 用擀面杖擀成薄面片❼，长度和梅花形吐司模具长度相同。

▷ 将蔓越莓干均匀地铺在面片上❽。

▷ 卷起❾，捏紧收口处。

▷ 放入450克梅花形吐司模具内❿。

▷ 盖上盖子，放在温度约38℃的环境下进行二次发酵，至原来的2倍大(几乎要顶到盖子的状态)⓫。

▷ 烤箱预热到160℃，中下层烤30~35分钟，取出脱模晾凉⓬。

Tips

·蔓越莓干也可以换成其他自己喜欢的食材，红曲粉也可以换成可可粉、抹茶粉(可可粉或抹茶粉用量要加到10克)等材料，做成别的口味也不错。

抹茶蜜豆心形吐司

制作
200 分钟

烘烤
30~35 分钟

口味：甜　　份数：1　　模具：450 克心形吐司模具 1 个

蜜豆夹馅甜而不腻，咬下一口，夹杂着抹茶香和小麦味，很有层次感，松松软软带点嚼劲，面包的味道和选材都回归于自然。

面团材料

高筋面粉250克

酵母3克

细砂糖45克

盐3克

全蛋液20克

淡奶油40克

牛奶105克

无盐黄油25克

抹茶粉5克

温水10克（调抹茶粉用）

夹馅

蜜豆馅适量（做法见199页）

做法

➤ 将面团材料里除无盐黄油、抹茶粉和温水以外的所有材料混合 **1**，揉到面团扩展、产生筋度，加入软化黄油，继续揉至能拉出大片透明结实薄膜的完全阶段 **2**。

➤ 将揉好的面团分成2份，取1份200克的面团，用温水调匀抹茶粉 **3**，加到这份面团里 **4**。

➤ 将抹茶完全揉进面团里，揉至可以拉出大片透明结实薄膜的完全阶段 **5**。

➤ 将白面团和抹茶面团分别放入容器中 **6**，进行基础发酵，至原来的2倍大 **7**。

➤ 将发酵好的面团按压排气，滚圆后松弛15分钟，然后分别擀成薄面片（抹茶面片稍微小一点） **8**，长度和心形土司模具长度相同，将抹茶面片铺在白面片上 **9**。

➤ 均匀铺上一层蜜豆馅 **10**。

➤ 卷起，捏紧收口处，放入心形吐司模具内。

➤ 盖上盖子，放在温度约38℃的环境下，二次发酵至原来的2倍大（几乎要顶到盖子的状态） **11**。烤箱预热到160℃，中下层烤30~35分钟，取出脱模，放晾网晾凉 **12**。

Tips

· 我用的是450克心形吐司模具，适合250克高筋面粉配方的面团，由于造型的原因，和普通吐司模具相比，烘烤时间短一些，烘烤温度也低了一些。

· 蜜豆也可以换成蔓越莓干等，抹茶粉也可以用紫薯粉、红曲粉来代替，制作出的成品也很好看。

椰蓉麻花面包

 口味：甜　　● 份数：6

制作
175 分钟

烘烤
20 分钟

把打辫子的技能用在做面包上，面包变得这么漂亮！加上表面这一层椰蓉，孩子吃得特别香。

面团材料

高筋面粉 300 克
细砂糖 50 克
盐 3 克
酵母 3.5 克
全蛋液 20 克
牛奶 150 克
无盐黄油 30 克

表面装饰

椰蓉适量
全蛋液适量

做法

➤ 将面团材料中除无盐黄油以外的所有材料混合,揉成出粗膜的光滑面团,加入软化的黄油,继续揉至完全阶段。

➤ 将揉好的面团放入容器,盖上保鲜膜,放在 25~28℃的环境中进行基础发酵,至原来的 2~2.5 倍大,手指蘸粉戳孔不回弹、不塌陷。

➤ 将发酵好的面团取出,轻拍排气。

➤ 称重后分成 6 等份,滚圆后盖保鲜膜松弛 15 分钟。

➤ 取一个松弛好的面团,从中间捏出一个圆洞 **1**。

➤ 用刀切断后将面团揉成一根约 40 厘米的长条 **2**。

➤ 将长面条对折,扭成麻花状,捏紧底部收口 **3**。

➤ 依次处理好所有的面团,均匀排放在烤盘上 **4**,放在温暖湿润处二次发酵至原来的 2 倍大,表面刷全蛋液,再均匀撒上椰蓉 **5**。

➤ 放入预热好的烤箱,中层 175℃烤约 20 分钟至表面呈金黄色即可 **6**。

麻花面包

制作
175 分钟

油炸
5 分钟

口味：甜　　份数：9

儿时记忆里百吃不厌的一款
面包，接触烘焙后才知道，
它好吃的秘密在于准确掌控
油炸时的温度。

面团材料

高筋面粉400克
细砂糖65克
牛奶210克
全蛋液55克
酵母4.5克
无盐黄油45克
盐3.5克
蜂蜜10克

做法

➤ 将面团材料里除无盐黄油以外的所有材料混合 **1**，揉到面团光滑能出粗膜时，加入软化黄油，继续揉至面团能拉出比较结实的半透明薄膜 **2**。

➤ 将面团收圆放入盆中 **3**，盖上保鲜膜在温暖湿润处进行基础发酵，发酵至原来的约2.5倍大，用手指蘸面粉戳个洞 **4**，洞口不会马上回缩或塌陷即发酵好了。

➤ 取出发酵好的面团，按压排出面团内气体，分割成9份，滚圆 **5**，盖上保鲜膜松弛15分钟。

➤ 取一份松弛好的面团，搓成约80厘米的长条，将长条轻轻对折 **6**。

➤ 左手捏住中间部位，右手将长条顺一个方向扭成麻花状 **7**。

➤ 再次对折，继续扭八字形，对折处末端塞入第一次对折处的圆孔内 **8**，麻花坯就做好了 **9**。

➤ 依次处理好所有的面团，整齐排放在烤盘中，放在温暖环境下二次发酵至原来的2倍左右 **10**。

➤ 锅里倒油，烧至六七成热，放入发酵好的麻花坯，小火油炸 **11**，炸到全部呈金黄色后捞出，控去多余油脂，放凉后密封保存即可。

Tips

· 搓长条的时候要注意将面团充分松弛，否则面团容易回缩，不易搓长。

· 炸的时候油温很重要，油温高了外面很快会上色，而里面却不熟；油温太低的话，面包又会非常吸油。如果掌握不好油温，可以放一小块面团进去，锅里迅速泛起大量密集的泡泡，并且投进去的面团迅速浮起就表示温度可以了。炸的时候注意翻面。

奶黄辫子面包

口味：甜　　份数：6

制作奶黄馅时没有淡奶油的话，可以
增加一点牛奶的用量，浓浓的奶香味
孩子一样喜欢。

面团材料

高筋面粉200克

低筋面粉50克

干酵母粉3克

盐3克

奶粉12克

牛奶140克

鸡蛋25克

细砂糖55克

无盐黄油30克

夹馅(奶黄馅)

鸡蛋1个

细砂糖20克

牛奶30克

淡奶油20克

无盐黄油15克

高筋面粉13克

玉米淀粉13克

奶粉10克

表面装饰

全蛋液适量

做法

➤ 将除无盐黄油以外的所有面团材料混和 **1**。

➤ 揉至面团光滑面筋扩展时加入软化黄油，继续揉至能拉出薄且有韧性膜的扩展阶段 **2**。

➤ 将面团滚圆后放入容器中，然后放在温暖湿润处进行基础发酵 **3**。

➤ 同时制作奶黄馅：鸡蛋磕入小锅里，加入细砂糖 **4**，用手动打蛋器搅拌均匀 **5**，再加入牛奶、淡奶油搅拌均匀。再加入高筋面粉、玉米淀粉、奶粉搅拌至无颗粒的稀糊状 **6**。

➤ 加入无盐黄油 **7**，将锅开小火加热，不停地搅拌 **8**。直到奶黄馅凝固，可以翻拌成不粘手的面团即可 **9**，放凉后盖保鲜膜备用(如果很粘手或者刮刀拌不光滑就是还没煮好)。

➤ 面团发至原来的2.5倍大，用手指蘸面粉在面团上戳个洞，洞口不回缩、不塌陷就发酵完成了 **10**。

➤ 取出发酵好的面团排气，盖上保鲜膜滚圆松弛15分钟。再将松弛好的面团擀成长约30厘米的长方形面片 **11**。

➤ 在一半的面片上铺上奶黄馅 **12**。

➤ 对折捏紧收口处 **13**，擀开成长方形 **14**。

➤ 用切刀均匀地切成6等份 **15**。再从中间竖切一刀 **16**，注意保留顶端1厘米左右不要切断，扭成麻花状 **17**。捏紧底部收口 **18**。

➤ 依次处理好所有的面团，铺在烤盘内 **19**，如果没有不粘烤盘需要铺油纸防粘。

➤ 放在温暖湿润处二次发酵至原来的2倍大 **20**。

➤ 放入预热好的烤箱，中层上下火180℃烤约25分钟，至表面金黄 **21**，上色合适后可加盖锡纸。出炉后立刻从模具内取出放在晾网上放凉。

软欧包 有馅有料更好吃
抹茶奶酪软欧

制作
240 分钟

烘烤
25 分钟

🫙 口味：甜　🍪 份数：1　🥖 模具：直径 22 厘米圆形发酵篮 1 个

波兰种面团材料

高筋面粉40克
水40克
酵母1克

主面团材料

高筋面粉200克
抹茶粉10克
奶粉15克
全蛋液50克
牛奶80克
细砂糖30克
盐3克
酵母2克
无盐黄油20克

夹馅(蔓越莓奶酪馅)

奶油奶酪200克
糖粉20克
蔓越莓干20克

做法

➤ 将波兰种面团材料混合，搅拌均匀，盖上保鲜膜，室温下或者冷藏发酵，面团涨发到最高点后回落，表面出现许多气泡，内部呈现丰富的蜂窝组织状态 1 。

➤ 将波兰种面团和主面团材料中除无盐黄油外的所有材料混合，揉到光滑，加入软化黄油，再揉到完全阶段。

➤ 将揉好的面团收圆，放入容器中进行基础发酵，至原来的2~2.5倍大 2 。

➤ 发酵期间，将奶油奶酪软化，加入糖粉，搅打至顺滑，再加入蔓越莓干，拌匀。

➤ 取出发酵好的面团，轻轻按压，排出面团内的大气泡，用擀面杖擀成圆形面片 3 。

➤ 包入全部的蔓越莓奶酪馅 4 ，捏紧收口，将面团收圆。

➤ 发酵篮内筛入薄薄一层面粉 5 ，将面团放入发酵篮内，收口朝上 6 ，放在约38℃的环境下二次发酵至原来的2倍大 7 。

➤ 将发酵篮倒扣在烤盘上，让面团脱离发酵篮 8 ，用割包刀在面团表面划"十"字刀口，深度1厘米左右 9 。

➤ 烤箱预热到190℃，摆放在中下层位置，上下火烤25分钟左右即可。

Tips

· 喜欢浅色的话，上色后盖锡纸；喜欢抹茶纯色的话，直接盖锡纸烤。我做的是没有盖锡纸的样子。

· 夏季温度高，液体及全蛋液要用冷藏过的，避免揉面时温度过高影响面团状态。揉面结束后，理想的面团温度应该在28℃左右。

· 可以将发酵篮放入烤箱中，烤箱内部放碗热水营造温暖湿润的环境。发酵时间不是固定的，不同的温度下，发酵时间也不一样，所以要多观察面团状态，以面团状态而非时间来判断发酵是否完成。

枸杞芋泥软欧

制作
190 分钟

烘烤
20 分钟

口味：甜　　份数：5

面团材料

高筋面粉300克

细砂糖15克

酵母4克

盐3克

奶粉20克

全蛋液30克

水75克

无盐黄油15克

枸杞汁75克

夹馅(芋泥馅)

芋头泥350克

细砂糖35克

牛奶60克

无盐黄油25克

表面装饰

高筋面粉适量

做法

➤ 将面团材料里除无盐黄油以外的所有材料混合1，揉到面团光滑，加入软化黄油2，继续揉至面团能拉出大片透明结实薄膜的完全阶段3。

➤ 将面团收圆4，放入盆中，放在温暖湿润处发酵至原来的2.5倍大5。

➤ 发酵期间，蒸熟芋头泥，趁热加入细砂糖、牛奶、无盐黄油，拌匀后备用6。

➤ 取出发酵好的面团，按压排出面团内气体，分割成5等份，滚圆7，盖上保鲜膜松弛15分钟。

➤ 取一份面团，擀成椭圆形的长面片后翻面，在上端铺上芋泥馅，留一边接着擀薄底端。

➤ 从上往下卷起8，卷成橄榄形9，捏紧底部收口，再搓长一些。

➤ 参照图中摆放方式，将一头压扁，另一头搓细后放在压扁处10，捏紧收口处。

➤ 将收口朝下排放在烤盘中，放温暖湿润处二次发酵至原来的2倍左右大11。

➤ 表面筛高筋面粉，用割包刀割刀口，烤箱预热到200℃，中层烤约20分钟即可12。

Tips

·枸杞汁的做法为：15克枸杞加75克水，放入料理机里搅打成汁。

·割包的时候，动作要干脆利落，快速划过。

红茶紫米奶酪软欧

制作
200 分钟

烘烤
25 分钟

口味：甜　　份数：4

面团材料

高筋面粉250克
法国T55面粉50克
牛奶200克
细砂糖30克
盐3克
酵母3克
无盐黄油30克
伯爵红茶包2个

夹馅

奶油奶酪130克
熟紫糯米320克
糖粉25克

表面装饰

高筋面粉适量

做法

➤ 将面团材料中除无盐黄油以外的所有材料混合 **1**，揉至面团光滑、能拉出粗膜，加入软化黄油 **2**，继续揉至面团能拉出大片透明结实薄膜的完全阶段 **3**。

➤ 将面团滚圆，放入容器中，盖上保鲜膜 **4**，放在温暖湿润处发酵至原来的2.5倍大 **5**。

➤ 取出发酵好的面团，分成4等份 **6**，滚圆排气，盖上保鲜膜松弛15分钟。

➤ 将熟紫糯米加15克糖粉，拌匀后放凉备用，奶油奶酪加10克糖粉，搅打均匀后备用 **7**。

➤ 将松弛好的面团擀成圆形面片 **8**，先放上一层奶油奶酪馅，再放上紫米馅 **9**，捏成三角形 **10**。

➤ 依次整好所有的面团，收口朝下 **11**，排放在烤盘上 **12**，在温度38℃，相对湿度75%的环境下进行二次发酵，约50分钟至原来的2倍大。

➤ 表面筛高筋面粉，参照图示划出刀口 **13**。

➤ 放入预热好的烤箱里，中层190℃烤约25分钟 **14**。

Tips

· 天气冷的时候，可以使用能设置发酵温度的烤箱，里面放一碗热水，营造二次发酵的环境；天气热的时候可以放入烤箱，无须开启发酵模式，内部放一碗热水即可。

· 法国T55面粉即灰分（每100克小麦粉燃烧后的残余灰的重量）在0.50~0.60克之间的小麦粉，是用来制作传统法式面包的专用面粉。

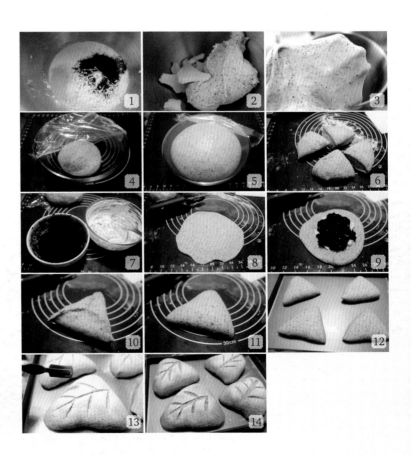

全麦豆沙软欧

口味：甜　　份数：2

面团材料

高筋面粉200克

低筋面粉40克

全麦面粉60克

蜂蜜30克

细砂糖20克

盐3克

酵母3.5克

水190克

夹馅

豆沙馅200克

（做法见199页）

表面装饰

高筋面粉适量

做法

➤ 将面团材料里除无盐黄油以外的所有材料放入面包机桶内 **1**，启动和面程序，揉到面团光滑，加入软化黄油 **2**，继续揉至面团能拉出大片薄膜的扩展阶段。

➤ 将面团收圆，放入盆中 **3**，放在温暖湿润处发酵至原来的约2.5倍大 **4**。

➤ 取出发酵好的面团，按压排出面团内气体。

➤ 将发酵好的面团分割成2份 **5**，滚圆后盖上保鲜膜，松弛15分钟。

➤ 取一份面团，擀成长方形的面片后翻面，铺上豆沙馅 **6**，下端不要铺馅料，再擀薄底端。

➤ 从上往下卷起，捏紧两端和底部收口，将收口朝下，排放在烤盘中 **7**。

➤ 放温暖湿润处二次发酵至原来的2倍大，表面筛高筋面粉，用割包刀割刀口 **8**。

➤ 烤箱预热到190℃，中层烤约25分钟即可 **9**。

可可面团材料

高筋面粉250克

可可粉15克

盐3克

细砂糖35克

酵母4克

无盐黄油25克

水170克

麻薯面团材料

糯米粉70克

玉米淀粉20克

牛奶120克

细砂糖30克

无盐黄油10克

夹馅

提子干30克(用朗姆酒浸泡一夜)

表面装饰

高筋面粉适量

做法

➤ 将麻薯面团材料里除了无盐黄油以外的所有材料混合(留少许玉米淀粉备用)**1**，搅拌成糊状。

➤ 将拌好的麻薯糊放入蒸锅里，蒸约30分钟，使其至完全凝固状**2**。

➤ 取出放至微热后，加入无盐黄油，揉到被面团完全吸收，成一个光滑的面团，包上保鲜膜放凉备用，麻薯面团就做好了。

➤ 将可可面团材料里除无盐黄油以外的所有材料混合，搅拌均匀，揉至光滑后加入软化黄油**3**，揉到完全阶段。

➤ 将揉好的面团盖上保鲜膜，放在温暖湿润处发酵至原来的2倍大**4**，取出发酵好的面团，按压排气**5**，可可面团就做好了。

➤ 将可可面团和麻薯面团分别分成均匀的3等份**6**，松弛10分钟。

➤ 将可可面团擀扁成椭圆形，蘸少许玉米淀粉，将麻薯面团擀成比可可面团小一些的椭圆形，覆盖在可可面团上**7**，撒少许提子干**8**。

➤ 从上往下卷起，捏紧收口处。

➤ 排放在烤盘中，二次发酵至原来的2倍大**9**，表面筛少许高筋面粉，然后用刀割出刀口，烤箱预热到180℃，中层烤20分钟左右即可。

Tips

·可以整成自己喜欢的形状。

·面团很柔软，整形时可以撒些高筋面粉。

·夹馅可以替换成葡萄干或坚果碎。

抹茶麻薯蜜豆软欧

🍶 口味：甜　🍪 份数：3

制作
255分钟

烘烤
25分钟

麻薯面团材料

糯米粉100克
玉米淀粉30克
牛奶180克
细砂糖20克
无盐黄油10克

夹馅

蜜豆馅50克
（做法见199页）

表面装饰

高筋面粉适量

抹茶面团材料

高筋面粉330克
抹茶粉10克
盐3克
细砂糖50克
酵母4克
无盐黄油22克
牛奶130克
全蛋液35克
淡奶油45克

做法

➤ 参照"可可麻薯软欧"（详见121页），制作麻薯面团 1 2 。

➤ 将抹茶面团材料中除无盐黄油以外的所有材料混合，搅拌均匀，揉至光滑后加入软化黄油，揉到完全阶段，将揉好的面团收圆 3 ，盖上保鲜膜，放在温暖湿润处发酵至原来的2倍大 4 。

➤ 取出发酵好的面团，按压排气，将抹茶面团和麻薯面团分别分成均匀的3等份 5 ，盖上保鲜膜松弛10分钟。

➤ 将抹茶面团擀扁成椭圆形，将麻薯面团蘸少许玉米淀粉，擀成比抹茶面团小一些的椭圆形，覆盖在抹茶面团上 6 。

➤ 铺上蜜豆馅 7 。从上往下卷起，捏紧收口处。

➤ 排放在烤盘中，二次发酵至原来的2倍大 8 ，表面筛少许高筋面粉，然后用刀割出刀口 9 。

➤ 烤箱预热到180℃，中层烤25分钟左右即可 10 。

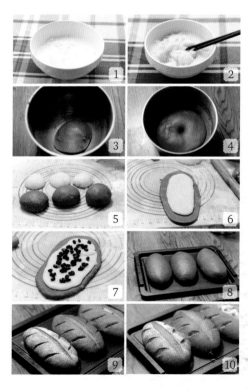

全麦提子软欧

口味：甜　　份数：4

面团材料

高筋面粉 190 克

含麦麸的全麦面粉 55 克

可可粉 7 克

水 175 克

细砂糖 15 克

酵母 3 克

盐 3 克

无盐黄油 15 克

提子干 40 克

表面装饰

高筋面粉适量

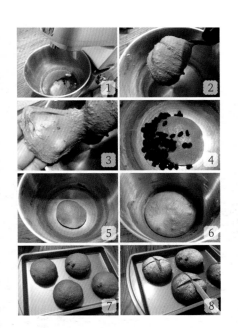

做法

➤ 将面团材料里除提子干和无盐黄油以外的所有材料放入厨师机桶内 1 ，搅拌成团 2 。

➤ 加入黄油揉至扩展阶段 3 ，再加入提子干 4 ，将提子干均匀地揉入面团中 5 。

➤ 放在温暖湿润处发酵至原来的 2 倍大 6 。

➤ 取出发酵好的面团，压扁排气，分割成 4 份，盖上保鲜膜松弛 15 分钟，滚圆后排入烤盘中。

➤ 放温暖湿润处二次发酵至原来的 2 倍大 7 。

➤ 表面筛上高筋面粉，割"十"字刀口 8 。

➤ 烤箱预热到 180℃，中层烤 18~20 分钟即可。

Tips

·提子干可以用朗姆酒或者百利甜酒浸泡后再用，香味更浓郁。

·割包时用锋利的刀或者刀片来割，刀口深度不宜超过1厘米。

·全麦软欧不加辅料口感会相对单调，所以不可省提子干，没有的话用蔓越莓干、葡萄干也可以。

蔓越莓软欧

口味：甜　　份数：2　　模具：直径 18 厘米圆形发酵篮 2 个

制作
190 分钟

烘烤
22 分钟

面团材料

高筋面粉 250 克　　　蔓越莓干 60 克
盐 3 克　　　　　　　细砂糖 35 克
酵母 3 克　　　　　　奶粉 16 克
水 150 克　　　　　　无盐黄油 25 克

做法

> 将面团材料里除无盐黄油和蔓越莓干以外的所有材料倒入容器混合 **1**，用筷子将材料搅拌均匀 **2**。

> 揉到面团扩展、产生筋度，加入软化黄油，继续揉至面团能拉出大片透明结实薄膜的完全阶段，最后加入蔓越莓干揉匀，将面团收圆，放入盆中 **3**。

> 放在温暖湿润处进行基础发酵，至原来的2.5倍左右大，取出发酵好的面团 **4**，按压排出面团内气体，分割2份，滚圆后盖上保鲜膜，松弛15分钟。

> 在发酵篮内筛入一层薄薄的面粉 **5**，将面团再次排气，滚圆后放入发酵篮内 **6**，放在35℃的湿润环境处，二次发酵至原来的2倍大 **7**，将发好的面团倒扣在烤盘上，用割包刀从中间割十字刀口，深度约1厘米 **8**。

> 放入提前预热好的烤箱内，中下层180℃烤22分钟左右，出炉之后放晾网，冷却至手心温度后装袋保存。

Tips

·我用的是2个直径18厘米的发酵篮，如果家中是直径20~22厘米的发酵篮，准备1个就可以了。

香蕉巧克力软欧

口味：甜　　份数：5

制作
190 分钟

烘烤
20 分钟

面团材料

高筋面粉300克

低筋面粉30克

可可粉15克

细砂糖25克

盐3克

香蕉泥80克

酵母3.5克

牛奶180克

无盐黄油25克

烘焙用黑巧克力豆50克

表面装饰

高筋面粉适量

做法

> 将面团材料里除无盐黄油、黑巧克力豆以外的所有材料混合 ，揉至面团光滑、面筋扩展 2 ，加入软化黄油 3 ，继续揉到面团柔软有光泽并且光滑的状态，即能拉出有弹性薄膜的完全阶段 4 。

> 加入黑巧克力豆揉匀 5 6 ，放入容器中 7 ，覆盖上保鲜膜，室温下进行基础发酵，至原来的2~2.5倍大 8 。

> 将发酵好的面团取出，分成5等份 9 ，滚圆，盖上保鲜膜，室温下松弛20分钟左右。

> 用擀面杖擀开成椭圆形面片 10 ，一侧擀压薄一些。

> 从上往下 11 卷成橄榄形，捏紧收口处 12 。

> 依次处理好所有的面团，排放在烤盘中，放在温暖湿润处进行二次发酵，至原来的2倍左右大。

> 表面筛高筋面粉，划刀口，放入烤箱中层，180℃烤20分钟左右即可。

Tips

·关于揉面，用面包机、厨师机或者手工揉面都可以，方式不同但目的都是一样的。夏季天气热，液体要用冷藏过的，避免揉面时面团温度过高，影响揉面效果。

·熟透的香蕉碾压成的香蕉泥会更易制作，并且香气更浓郁。

全麦枣香紫米软欧

制作
185 分钟

烘烤
20 分钟

🧂 口味：甜　　🍪 份数：2　　🐚 模具：长径 21 厘米椭圆发酵篮 2 个

面团材料

含麦麸的全麦面粉 50 克

高筋面粉 130 克

紫米粉 70 克

酵母 3.5 克

水 155 克

盐 3 克

无盐黄油 15 克

细砂糖 30 克

夹馅

红枣 60 克

表面装饰

高筋面粉少许

做法

➤ 将面团材料中除无盐黄油以外的所有材料混合 1，揉成出粗膜的光滑面团，加入软化黄油，继续揉至可以拉出大片透明结实薄膜的完全阶段。

➤ 在揉好的面团内加入切碎、去核的红枣肉揉匀 2，放入容器 3，盖上保鲜膜，放在 25~28℃的环境中进行基础发酵，至原来的 2~2.5 倍大 4。

➤ 将发酵好的面团取出，轻拍排气，称重后等分为 2 份，滚圆后盖保鲜膜，松弛 15 分钟，取一个松弛好的面团，擀成椭圆形 5，翻面，从上往下卷起 6，边卷边将左右两边向下压，直到卷成橄榄形。

➤ 发酵篮内筛一层薄薄的高筋面粉 7，将面团收口朝上，排放在发酵篮内 8，放在温暖湿润处进行二次发酵，至原来的 2 倍大 9，将面团放入烤盘。

➤ 面团表面喷少许水，再筛少许高筋面粉，划刀口，放入预热好的烤箱，中层 200℃烤约 20 分钟即可 10。

全麦核桃软欧

🧂 口味：甜　　🍪 份数：4

面团材料

高筋面粉 175 克

含麦麸的全麦面粉 75 克

细砂糖 25 克

酵母 3 克

盐 4.5 克

水 165 克

无盐黄油 15 克

夹馅

蔓越莓干 50 克

核桃碎 50 克

表面装饰

高筋面粉少许

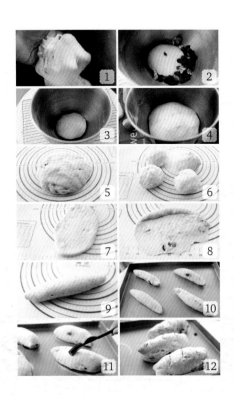

做法

➤ 将面团材料中除无盐黄油以外的所有材料混合，揉成出粗膜的光滑面团，加入软化黄油，继续揉至可以拉出大片透明结实薄膜的完全阶段 **1**。

➤ 在揉好的面团里加入蔓越莓干和核桃碎 **2**，揉匀，放入容器 **3**，盖上保鲜膜，放在 25~28℃的环境中进行基础发酵，至原来的 2~2.5 倍大 **4**。

➤ 将发酵好的面团取出，轻拍排气 **5**，称重后等分为 4 份，滚圆 **6**，盖保鲜膜，松弛 15 分钟。

➤ 取一个松弛好的面团，擀成椭圆形 **7**，翻面，擀薄底端，从上往下卷起 **8**，边卷边将左右两边向下压，直到卷成橄榄形 **9**，依次处理好所有面团，盖上保鲜膜松弛 15 分钟，收口朝下，排放在烤盘上 **10**。

➤ 放在温暖湿润处进行第二次发酵，至原来的 2 倍大，面团表面喷少许水，筛高筋面粉，划刀口 **11**。

➤ 放入预热好的烤箱，中层 220℃烤 20 分钟左右即可 **12**。

零添加蔬果面包
蓝莓面包

制作
220 分钟

烘烤
18~20 分钟

口味：甜　　份数：8

面团材料

新鲜蓝莓85克
牛奶90克
高筋面粉250克
细砂糖45克
盐2克
酵母3克
无盐黄油25克

表面装饰

全蛋液少许
高筋面粉少许
蓝莓果酱适量
新鲜蓝莓适量

做法

➤ 将面团材料里的新鲜蓝莓和牛奶放入料理机❶，搅打成蓝莓奶液❷。

➤ 将蓝莓奶液和面团材料里除无盐黄油以外的所有材料混合❸，揉到面团光滑、产生筋度，加入软化黄油❹，继续揉至面团能拉出大片透明结实薄膜的完全阶段❺。

➤ 将揉好的面团收圆❻，放入盆中，放在温暖湿润处发酵至原来的2倍大❼。

➤ 将发酵好的面团取出，按压排气❽，分割成8个等重的面团❾，滚圆❿，盖上保鲜膜松弛15分钟。

➤ 将面团擀成圆形的薄面饼状⓫，排放在烤盘上⓬，放在温暖湿润处，二次发酵至原来的2倍大⓭。

➤ 在发酵好的面包坯表面刷一层全蛋液，擀面杖的一端蘸少许高筋面粉，在面坯中间戳一个洞⓮。

➤ 凹洞处放上4粒新鲜蓝莓，再放一小勺蓝莓果酱⓯。

➤ 烤箱预热到180℃，中层烤18~20分钟至表面呈金黄色，出炉之后立刻取出，放晾网冷却后装袋保存。

Tips

·顶部的新鲜蓝莓和蓝莓果酱也可以当夹馅直接包在面团内部。

黄桃面包

🍶 口味：甜　　🍮 份数：8　　🐚 模具：28 厘米 ×28 厘米正方形烤盘 1 个

面团材料

高筋面粉220克

牛奶110克

奶粉10克

全蛋液33克

细砂糖35克

无盐黄油30克

酵母3克

盐2克

表面装饰

牛奶少许

罐头装黄桃8~9块

细砂糖10克

低筋面粉25克

无盐黄油20克

做法

➤ 将面团材料里除无盐黄油以外的面团材料混合，揉至面团光滑、面筋扩展，加入软化黄油，继续揉至能拉出薄且有韧性膜的扩展阶段。

➤ 将面团滚圆，放入容器中，放在温暖湿润处进行基础发酵，至原来的2.5倍大，用手指蘸面粉在面团上戳个洞，洞口不回缩、不塌陷即发酵完成 **1**。

➤ 取出发酵好的面团，排气 **2**，盖上保鲜膜，滚圆松弛15分钟，将面团擀成边长约28厘米的方形面片 **3**，将擀好的面片铺在模具内，放在温暖湿润处二次发酵至原来的2倍大 **4**。

➤ 将表面装饰里的细砂糖、低筋面粉和无盐黄油（提前软化）混合，搓成粗粒，制成香酥粒。

➤ 在面片上铺上黄桃果肉，再轻轻将黄桃按压一下。

➤ 其余地方刷一层牛奶，均匀撒上香酥粒 **5**。

➤ 放入预热好的烤箱，180℃烤约16分钟至表面呈金黄色 **6**，出炉后立刻从模具内取出，放凉后切块即可。

Tips

· 黄桃要用罐头装的，这样水分少，烤的时候不会有大量水分析出而影响面包口感。没有黄桃就用香蕉等含水分少的水果。

什蔬心形面包

口味：咸　　份数：6

制作
20 小时

烘烤
20 分钟

中种面团材料

高筋面粉 125克
酵母 2.5克
牛奶 100克

主面团材料

高筋面粉 125克
细砂糖 20克
全蛋液 25克
盐 4.5克
水 40克
无盐黄油 20克

表面装饰

混合什蔬 120克(胡萝卜丁、豌豆、火腿丁、玉米粒)
黑胡椒粉少许
沙拉酱 1大匙(做法见196页)
盐少许
马苏里拉奶酪碎 70克

做法

➤ 将中种面团材料全部混合，大致揉成团 **1**，盖上保鲜膜，室温发酵半小时后放入冰箱，冷藏发酵17小时至原来的2.5倍大。

➤ 将发酵好的中种面团撕成小块，与主面团材料中除无盐黄油以外的所有材料混合 **2**，揉至面团光滑、略有筋度，加入软化黄油，继续揉到能拉出大片透明结实薄膜的完全阶段 **3**。

➤ 将面团收圆，放入盆中，盖上保鲜膜，在温暖湿润处进行基础发酵，至原来的约2.5倍大，用手指蘸面粉戳个洞，洞口不会马上回缩或塌陷即发酵完成。

➤ 取出发酵好的面团，按压排出面团内气体，将发酵好的面团分割成6份，滚圆，盖上保鲜膜松弛15分钟。

➤ 取一个松弛好的面团，擀成长的椭圆形 **4**，翻面后横过来放，将底端压薄，从上而下卷成长条状 **5**。

➤ 再将卷好的长条稍微搓长一些，从中间切开一分为二 **6**，留一端相连不要全部切断。

➤ 将切开的两根长条分开，向中间对接成心形 **7**，依次处理好所有的面团，整齐排放在烤盘中。

➤ 放在约35℃的温暖湿润环境下二次发酵至原来的2倍左右大，手指按压面团表面可以缓慢回弹。

➤ 把胡萝卜丁、豌豆、玉米粒放入热水中焯烫至断生，捞出沥干水分，与火腿丁混合，加盐、黑胡椒粉、沙拉酱拌匀 **8**。

➤ 在发酵好的心形面包坯中间撒少许马苏里拉奶酪碎，再撒上什蔬混合物，最后再撒一些马苏里拉奶酪碎 **9**。

➤ 烤箱预热到180℃，中层烤20分钟左右。

Tips

· 每家冰箱温度不同，并且发酵室温也不同，所以发酵时间和面团发酵状态都会有区别，是正常的，以面团状态为准来调节时间。

· 混合什蔬食材要用厨房纸吸干水分再使用，避免烘烤时出水而影响面包口感。

牛油果豆沙包

制作
195 分钟

烘烤
22 分钟

🧂 口味：甜　　🍪 份数：15

面团材料

高筋面粉300克
牛油果泥100克
细砂糖40克
盐2克
牛奶110~115克(酌情添加)
酵母3.5克
无盐黄油15克

夹馅

豆沙馅300克(做法见199页)

表面装饰

高筋面粉适量

做法

➤ 把面团材料里除无盐黄油以外的所有材料混合❶，搅拌均匀❷。

➤ 揉到面团光滑，加入软化的黄油，继续揉至面团能拉出大片薄膜的扩展阶段❸。

➤ 将面团收圆，放入盆中，盖上保鲜膜❹，放在温暖湿润处发酵至原来的约2.5倍大❺。

➤ 取出发酵好的面团，按压排出面团内气体，分割成15等份❻，滚圆，盖上保鲜膜松弛15分钟。

➤ 取一份松弛好的面团，擀成圆形后翻面，放上20克豆沙馅❼，包圆后捏紧收口，将收口朝下，排放在烤盘中，放温暖湿润处二次发酵至原来的2倍大❽。

➤ 用纸片剪出爱心形状，或者放上叉子，然后筛上高筋面粉❾。

➤ 烤箱预热到175℃，中层烤22分钟左右即可❿。

菠菜迷你餐包

🍲 口味：咸　　🍪 份数：35

面团材料

菠菜叶 110 克

水 55 克

高筋面粉 250 克

细砂糖 40 克

盐 3 克

全蛋液 28 克

无盐黄油 20 克

酵母 3.5 克

表面装饰

全蛋液少许

白芝麻少许

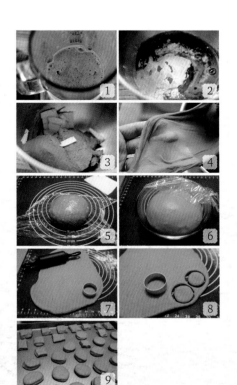

做法

➤ 将面团材料里的菠菜叶和水混合，放入料理机搅打成菠菜汁 1（不要用菠菜根茎部，搅打好的汁无须过滤）。

➤ 将菠菜汁与面团材料里除无盐黄油以外的所有材料混合 2，揉到面团光滑，加入软化黄油 3，继续揉至面团能拉出大片薄膜 4。

➤ 将揉好的面团盖上保鲜膜，放在温暖湿润处进行基础发酵 5，至原来的 2 倍大 6。

➤ 将发酵好的面团取出，按压排气，盖上保鲜膜，松弛 15 分钟，将松弛好的面团擀成厚度约 1 厘米的薄面片。

➤ 用圆形饼干模按压成一个个圆形面坯 7，再将剩余的边角料揉匀，继续压成圆形面坯 8，也可以将剩余的边角料直接切成方形小面团，制成方形餐包。

➤ 将面包坯整齐地排放在烤盘中 9，放入温暖湿润处进行二次发酵，约 40 分钟，表面刷全蛋液，撒少许白芝麻。

➤ 烤箱预热到 180℃，中层烤 12~14 分钟，烤至表面呈金黄色即可。

玉米沙拉面包

制作
190 分钟
烘烤
18 分钟

口味：甜　　份数：6

面团材料

高筋面粉250克
细砂糖50克
盐2克
奶粉10克
牛奶140克
酵母3克
无盐黄油20克

表面装饰

全蛋液适量
沙拉酱适量(做法见196页)
玉米粒适量

做法

> 将面团材料里除无盐黄油外的所有材料放入面包机桶内，开启和面程序，揉约20分钟至面团光滑、可以拉出粗膜，放入软化黄油，再揉20分钟，揉至面团可以拉出半透明薄膜的扩展阶段。

> 收圆放入盆中 1 ，盖上保鲜膜，放在温暖湿润处发酵至原来的2~2.5倍大 2 。

> 取出发酵好的面团，按压排气，再将面团分成18等份，搓圆后盖上保鲜膜，松弛15分钟。

> 取一个松弛好的面团，擀成牛舌状 3 。

> 翻面后卷成长条状 4 ，捏紧收口处，再搓长一些。

> 每三根一组 5 ，编成辫子状 6 ，依次处理好所有的面团。

> 烤箱内放一碗热水，放面包坯二次发酵至原来的2倍大。

> 表面刷全蛋液 7 ，撒些玉米粒，再挤上沙拉酱 8 ，烤箱预热到180℃，中层烤18分钟左右至表面呈金黄色。

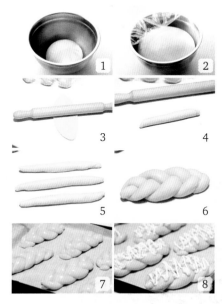

樱桃酱花瓣面包

🍰 口味：甜　　🍪 份数：6

制作
185分钟

烘烤
15分钟

面团材料

高筋面粉200克

低筋面粉50克

老面50克

水125克

酵母3克

盐3克

细砂糖25克

全蛋液40克

无盐黄油25克

夹馅

樱桃果酱适量（做法见197页）

表面装饰

全蛋液适量

花生碎适量

Tips

· 老面就是经过了基础发酵后的面包面团。平时在做面包的时候，可以多揉一些面，经过基础发酵和排气后，可以留出点面团作为老面团，用保鲜袋装好扎紧封口，放入冰箱冷冻冷冻，使用时拿出放在室温下自然解冻即可。

做法

➤ 将面团材料中除无盐黄油以外的所有材料混合，揉至面团光滑、面筋扩展时，加入软化黄油，继续揉至能拉出半透明薄膜的扩展阶段。

➤ 将面团滚圆，装入容器中，放在温暖湿润处进行基础发酵，至原来的2.5倍大，用手指蘸面粉在面团上戳个洞，洞口不回缩、不塌陷即发酵完成。

➤ 取出发酵好的面团排气，分成等量的6个面团，滚圆，盖上保鲜膜，松弛15分钟。

➤ 用擀面杖擀成约1厘米厚的面片**1**，放上樱桃果酱**2**。

➤ 包圆，捏紧收口处，收口朝下，将包好的面团稍微按扁一些，用切板切成8等份**3**，中间留一些位置不要切。

➤ 依次将所有面团整形好，二次发酵至原来的2倍大，表面刷全蛋液，中间撒少许花生碎**4**，烤箱预热到180℃，中层烤约15分钟至表面呈金黄色即可。

柠檬卡仕达面包

口味：甜　　份数：10

面团材料

高筋面粉300克

细砂糖55克

盐3.5克

酵母4克

奶粉10克

蛋黄液35克

淡奶油15克

水140克

无盐黄油45克

表面装饰

全蛋液适量

夹馅(柠檬卡仕达酱)

牛奶200克

细砂糖60克

蛋黄2个

玉米淀粉18克

柠檬皮屑少许

无盐黄油12克

柠檬汁25克

面包做法

▷ 将面团材料里除无盐黄油以外的所有材料混合 **1**。

▷ 揉到面团光滑能出粗膜时,加入软化黄油继续揉至面团能拉出大片薄膜的完全阶段。将面团收圆放入盆中,放在温暖湿润处发酵至约原来的2.5倍大 **2**。

▷ 取出发酵好的面团,按压排出面团内气体。将发酵好的面团分割成10份,滚圆 **3**,盖上保鲜膜松弛20分钟。

▷ 将柠檬卡仕达馅所有材料混合 **4**,用手动打蛋器搅拌均匀。

▷ 放入锅中,小火加热,边煮边不停搅拌 **5**,直到变得浓稠并开始凝固立刻关火 **6**,放凉后备用。

▷ 取一份面团,擀成圆形的面片 **7**。

▷ 翻面,放上约30克的柠檬卡仕达酱 **8**。

▷ 将面片像包饺子一样对折,压紧收口处 **9**。

▷ 用刮板在边缘切三刀 **10**。

▷ 依次处理好所有的面团,整齐排放在烤盘中 **11**。

▷ 放温暖湿润处二次发酵至原来的2倍大 **12**。表面刷蛋液,烤箱180℃预热后,中层烤约18分钟即可(结合自家烤箱性能适当调整温度和时间)。

蔓越莓面包

制作
19小时50分钟

烘烤
20分钟

🍶 口味：甜　　🍪 份数：8

外形小巧、造型简单，很多时候，保鲜袋中装上几块带出门，就是一整天的小零食了。

中种面团材料

高筋面粉250克
中筋面粉30克
酵母2.5克
牛奶180克

主面团材料

高筋面粉70克
细砂糖40克
酵母1克
盐4克
全蛋液45克
无盐黄油25克

夹馅

蔓越莓干50克

表面装饰

全蛋液适量

做法

➤ 将所有中种面团材料混合,揉成光滑的面团(1个面包机和面程序),将面团放入容器内,盖上保鲜膜,冷藏发酵约17小时 **1**。

➤ 将发酵好的中种撕成小块,和主面团材料中除无盐黄油外的所有材料混合 **2**,启动面包机和面程序,1个程序结束后,加入软化黄油,再次启动和面程序。

➤ 和面结束,进入基础发酵,将发酵好的面团排气,分成8等份 **3**,滚圆后盖上保鲜膜,松弛15分钟。

➤ 顺着上下方向擀长,将面团擀成长椭圆形,一边压薄,翻面后在中间划三刀 **4**。

➤ 撒上适量蔓越莓干 **5**。

➤ 从一端卷起,捏紧尾部 **6**。

➤ 依次将所有面团整形,排放在铺了油纸的烤盘中,最后发酵至原来的2倍大 **7**,刷上全蛋液 **8**。

➤ 烤箱预热到180℃,中层上下火,烤约20分钟至表面呈金黄色即可。

Tips

·不同的季节和面团状态都会影响冷藏发酵的时间,所以冷藏发酵时间要根据面团状态适当调节。

蔓越莓面包块

🏷 口味：甜　　🍪 份数：36

中种面团材料

- 高筋面粉200克
- 低筋面粉50克
- 酵母3克
- 水135克
- 全蛋液20克
- 奶粉12克
- 细砂糖45克
- 盐2.5克
- 无盐黄油25克
- 蔓越莓干40克
- 蜂蜜10克

表面装饰

- 全蛋液适量

做法

➤ 将面团材料中除无盐黄油和蜂蜜以外的所有食材混合**1**，揉成光滑的面团。面团揉至粗膜状态加入软化黄油继续揉至扩展阶段，可以扯出较为结实的半透明薄膜**2**。

➤ 揉好的面团盖保鲜膜放在温暖湿润处进行基础发酵至原来的2.5倍，手指蘸粉戳孔，不塌陷不回弹**3**。

➤ 将面团按压排气，放入冰箱冷冻松弛20分钟（冷冻是为了便于整形，冻到面团变硬但是可以擀开的程度，具体时间长短由面团厚度和冰箱温度来决定）。

➤ 取出冷冻松弛好的面团，擀成面片，刷一层蜂蜜，中间撒上切碎的蔓越莓干**4**。

➤ 两侧分别向中间1/3处折叠**5**，顺着上下方向擀长**6**，上下分别向中间1/3处再次折叠**7**。最好擀成约30厘米×35厘米左右的方形面片。再用刀将面片切成合适大小的方块**8**。

➤ 将面包块均匀地码放在烤盘上**9**，放在温暖湿润（38℃左右，相对湿度约75%）的环境下最终发酵至原来的2倍大**10**。

➤ 表面刷薄薄的全蛋液，烤箱预热到190℃，中层上下火，烘烤10分钟即可**11**。出炉放凉后装袋保存**12**。

Tips

· 受面粉吸水性的影响，配方也可能出现面团湿粘度不一样的情况，所以液体量要灵活添加，可以留10~15克酌情添加，以面团柔软不粘手为宜。蔓越莓干可以换成葡萄干、蜜豆等其他材料，夹层刷的蜂蜜也可以用炼乳、枫糖浆等代替，不刷也可以。

· 冷冻松弛是为了整形方便，最后擀好的面皮厚度约1厘米。太厚的话烤好膨胀后会歪倒，太薄的话口感单薄。

芒果奶酪面包

制作
185 分钟

烘烤
25 分钟

口味：甜　　份数：4

面团材料

高筋面粉250克
细砂糖35克
盐4克
酵母3.5克
全蛋液28克
牛奶132克
无盐黄油25克

夹馅（芒果奶酪馅）

芒果55克
奶油奶酪35克
细砂糖8克

表面装饰

全蛋液少许
香酥粒适量

做法

➤ 将面团材料中除无盐黄油以外的所有材料混合，揉至面团光滑、面筋扩展，加入软化黄油，继续揉至能拉出薄且有韧性膜的扩展阶段。

➤ 将面团滚圆，装入容器中，放在温暖湿润处进行基础发酵，至原来的2.5倍大 1 。

➤ 发酵期间，将芒果奶酪馅的所有材料混合，用料理机搅打成泥状 2 ，冷藏备用。

➤ 取出发酵好的面团，排气，分成等量的4个面团，滚圆 3 ，盖上保鲜膜，松弛15分钟。

➤ 将松弛好的面团擀成椭圆形面片，翻面后压薄底边，中间铺上芒果奶酪馅 4 ，从上往下卷起 5 。

➤ 捏紧收口处，防止馅料流出，收口朝下 6 ，摆放在烤盘中 7 ，依次处理好所有面团放在温暖湿润处二次发酵至原来的2倍大。

➤ 表面刷一层全蛋液，撒上香酥粒 8 （做法参照83页），烤箱预热到180℃，烤约25分钟，出炉后取出，放在晾网上晾凉即可。

凤梨奶酪面包

制作
190 分钟

烘烤
40 分钟

🍙 口味：甜　　🍪 份数：1　　🧁 模具：8 寸圆形模具 1 个

面团材料

- 高筋面粉 250 克
- 低筋面粉 50 克
- 细砂糖 40 克
- 盐 4 克
- 奶粉 10 克
- 酵母 4 克
- 全蛋液 28 克
- 水 165 克
- 无盐黄油 28 克

夹馅 (凤梨奶酪馅)

- 奶油奶酪 300 克
- 细砂糖 65 克
- 全蛋液 2 个
- 无盐黄油 70 克
- 玉米淀粉 20 克
- 凤梨果肉粒 80 克
- 凤梨果肉片适量

做法

➤ 将面团材料里除无盐黄油以外的所有材料混合，揉至面团光滑、面筋扩展，加入软化黄油，继续揉至能拉出薄且有韧性膜的扩展阶段。

➤ 将面团滚圆放入容器中，放在温暖湿润处进行基础发酵，至原来的 2.5 倍大，用手指蘸面粉在面团上戳洞，洞口不回缩、不塌陷即发酵完成 **1**。

➤ 发酵期间，制作凤梨奶酪馅：奶油奶酪室温下软化 **2**，加入细砂糖，用打蛋器搅拌均匀，加入全蛋液再次搅打至完全混合均匀 **3**，加入充分软化的黄油和玉米淀粉，继续搅拌均匀至顺滑，加入凤梨果肉粒 **4**，拌匀。

➤ 取出发酵好的面团，排气，分成等量的 10 个面团，滚圆，盖上保鲜膜，松弛 15 分钟。

➤ 将松弛好的面团再次滚圆，整齐排放在模具中 **5**，放在温暖湿润处二次发酵至原来的 2 倍大 **6**。

➤ 将拌好的凤梨奶酪馅倒在面团上，再铺上切片的凤梨果肉 **7**。

➤ 放入预热好的烤箱，180℃烤约 40 分钟，出炉后立刻脱模 **8**，放凉后即可掰开品尝。

Part 4
修炼成面包控

名店面包在家做

奶酪包

从苏州花园饼屋刮起的"奶酪包旋风"

🔲 口味：甜　　🍪 份数：2　　🧁 模具：6寸圆形模具2个

制作
170分钟

烘烤
25分钟

风靡了一段时间的奶酪包果然
不负众望，松软的面包体配上
浓郁顺滑的奶酪馅，绝对是爱
好甜口面包者的福音。

面团材料

高筋面粉440克
酵母6克
细砂糖70克
盐4克
全蛋液70克
奶粉20克
牛奶230克
无盐黄油40克

奶酪馅材料

奶油奶酪200克
细砂糖60克
奶粉40克
牛奶40克

表面装饰

奶粉适量

Tips

· 喜欢甜口味的话，外面裹的奶粉可以加一些糖粉过筛，口感会更香甜。

· 面包烤好后若不是当天食用，可以密封常温下保存，不用冷藏，尽量在3天内食用完。

· 如果觉得奶酪馅太黏稠，可以多加10克牛奶。

做法

➤ 将面团材料里除无盐黄油外的所有材料放入面包机桶内，启动和面程序，时间设为20分钟，将面团揉至扩展阶段，再加入软化黄油，再次启动和面程序，揉至能拉出有弹性光滑薄膜的完全阶段 **1**。

➤ 启动面包机发酵程序，发酵至原来的2.5倍大 **2**。

➤ 将面团取出排气，分成2等份滚圆后放入模具内 **3**，放温暖湿润处，二次发酵至原来的2倍大 **4**。

➤ 发酵期间，制作奶酪馅，将奶油奶酪切小块放入盆中 **5**，隔水搅打至顺滑，加入细砂糖、奶粉和牛奶，再次搅打顺滑 **6**。

➤ 将发酵的面团放入预热好的烤箱，170℃，中下层烤约25分钟。

➤ 面包表面筛上奶粉 **7**。

➤ 将面包切成4块，截面中间再切2刀，在切面和侧面分别抹上奶酪馅即可 **8 9**。

黑眼豆豆

原麦山丘的巧克力诱惑

口味：甜　　份数：8

柔软的可可面包体里夹杂了黑
巧克力豆，对巧克力控和面包
控来说，是绝对不能错过的
一款面包。

烫种面团材料

高筋面粉30克
开水30克

面团材料

高筋面粉250克
可可粉13克
细砂糖50克
酵母3.5克
无盐黄油25克
黑巧克力豆40克
盐3克
水160克

夹馅

黑巧克力80克

表面装饰

鸡蛋清液少许

Tips

·烫种是一种可以防止面团老化的面包制作方法，可以让面包口感更软。

·一定要充分预热好烤箱再放面团进去，避免因烤箱没有预热到位而导致面团发酵过度。

做法

➤ 将烫种面团材料中的高筋面粉和开水混合均匀，放凉备用。

➤ 将面团材料中除无盐黄油和黑巧克力豆以外的所有材料混合 **1**，加入烫种面团，揉成出粗膜的光滑面团。

➤ 加入软化黄油，继续揉至可以拉出大片透明结实的薄膜状的完全阶段 **2**，再加入黑巧克力豆 **3**，揉匀后放入容器 **4**，盖上保鲜膜，放在不超过28℃的温暖湿润处进行基础发酵，至原来的2倍大 **5**。

➤ 将发酵好的面团取出 **6**，轻拍排气，称重后等分为8份，滚圆后盖保鲜膜，松弛20分钟。

➤ 取出松弛好的面团，用掌心压扁 **7**，各包入10克左右黑巧克力 **8**。

➤ 捏紧收口，依次包好所有的面团，收口朝下，排放在烤盘上。

➤ 烤箱里放一盘热水，将温度控制在不超过38℃，二次发酵至原来的2倍大。

➤ 表面刷少许鸡蛋清液，烤箱预热到180℃，中层，上下火烤18分钟左右即可 **9**。

面团材料

高筋面粉 250 克

水 100 克

细砂糖 35 克

盐 2.5 克

酵母 6 克

奶粉 10 克

无盐黄油 25 克

全蛋液 55 克

可可粉 10 克

夹馅

片状黄油 125 克

巧克力适量

表面装饰

淡奶油 20 克

巧克力 20 克

可可粉适量

做法

➤ 将面团材料中除无盐黄油以外的所有材料混合 1 。揉至面团光滑 2 ，产生筋度时加入软化黄油，继续揉至能拉出薄且有韧性膜的完全阶段。

➤ 检查面团状况，可以拉出大片薄膜 3 。将揉好的面团压扁，用保鲜膜包起来放入冷冻室冷冻30分钟。再将软化的黄油(作夹馅)擀平成长方形 4 。

➤ 将冷冻好的面团取出，擀成长度为软化黄油片长度2.5倍的长方形面片。将黄油片铺在擀好的面片中间 5 。这时候裹入黄油片和面团的软硬程度要一致。

➤ 对折四周包起来 6 ，捏紧收口处。把面团翻面，收口朝下，顺着长的方向擀成约60厘米长的长方形面片 7 。擀好的面片左边向中间折1/3，右边折1/3 8 ，完成第一次三折 9 。包上保鲜膜放入冰箱冷藏松弛20分钟。接着再次擀开 10 ，重复上一步再次完成第二次三折。用保鲜膜将两次三折好的面团包好放入冰箱，再次冷藏松弛20分钟(如果室温低，并且面团状态好，没有出现黄油融化漏油的情况，也可以连续两次三折。若擀的时候易回缩，并且黄油出现漏油且变得稀烂一定要马上冷藏松弛后再操作)。

➤ 取出冷藏好的面团第三次擀开，完成最后一次三折，也就是一共三次三折，再次冷藏松弛30分钟。把三折好的面片重新擀开成长约40厘米，宽约20厘米的长方形面片。切去两边和顶部的长边，将面片切出整齐的边缘，平分成六份 11 ，在没有切边的一端放上巧克力 12 ，然后卷起。

➤ 依次处理好所有的面片 13 ，排放在烤盘上 14 。在25~26℃的温度下发酵至两倍大 15 (发酵温度不能太高，否则发酵过程中黄油会融化)。

➤ 发酵结束后，烤箱180℃预热，中层烤约20分钟左右 16 。

➤ 趁面包烘烤的时候制作脏脏包表面的巧克力酱，将淡奶油和巧克力混合放入小锅中 17 ，最小火加热至巧克力融化，搅拌均匀即可 18 。

➤ 面包出炉彻底晾凉后，用刷子在面包的表面抹上一层巧克力酱 19 ，再筛上可可粉即可 20 。

可可蛋糕夹心面包

🍶 口味：甜　　🥄 份数：2　　🍽 模具：28 厘米 × 28 厘米正方形烤盘

制作
300 分钟

烘烤
40~45 分钟

原味蛋糕体材料

鸡蛋黄4个

鸡蛋清4个

牛奶60克

色拉油40克

香草精少许

低筋面粉80克

细砂糖60克

柠檬汁（或白醋）少许

面包体材料

高筋面粉330克

低筋面粉40克

可可粉10克

水200克

全蛋液50克

细砂糖50克

盐4克

无盐黄油20克

酵母4克

表面装饰

全蛋液适量

杏仁片适量

Tips

· 蛋糕夹心体可以根据自己的喜好换成巧克力味、抹茶味等都可以。面包面团也可以自由变换成其他的口味，比如原味、抹茶等口味，只需要将可可粉替换成等量的面粉或抹茶粉即可。

做法

制作原味蛋糕

➤ 鸡蛋黄中加入15克细砂糖 1，用打蛋器搅拌均匀2，加入牛奶搅拌均匀3，再加入植物油搅拌均匀，筛入低筋面粉4，搅拌至无颗粒状态5。

➤ 鸡蛋清里滴几滴柠檬汁(或白醋)，用电动打蛋器打到出现大泡沫，加入15克细砂糖，继续用打蛋器搅打，待出现细腻的泡沫时，再倒入15克细砂糖打发，等到出现纹路，倒入最后15克细砂糖，打到硬性发泡状态6（倒扣盆蛋白不会倒出，或提起打蛋器时出现三角）。

➤ 取1/3打发好的蛋白霜到蛋黄糊中7，用切拌和翻拌的手法混合均匀。

➤ 把所有蛋黄糊全部倒入装有蛋白霜的盆中，与剩下的蛋白霜混合，翻拌均匀。

➤ 把拌匀的蛋糕糊倒入铺了油纸的28厘米正方形烤盘中8，用刮板将蛋糕糊刮平9。

➤ 将模具放入预热好的烤箱里，中层180℃烤约15分钟至表面呈金黄色10，出炉冷却后撕去油纸，将放凉的蛋糕切成四条等量大小的长方体蛋糕片11，再将蛋糕片两两叠放在一起备用12。

制作面包

➤ 将面包体材料里除无盐黄油外的所有材料混合，揉到面团光滑、能出粗膜，加入软化黄油，继续揉至面团能拉出大片薄膜的完全阶段13。

➤ 将面团收圆，放入盆中，盖上保鲜膜进行基础发酵，至原来的约2.5倍大14。

➤ 取出发酵好的面团，按压排出面团内气体，分割成2份15，滚圆，盖上保鲜膜，松弛15分钟。

➤ 取一份松弛好的面团，擀成长度约28厘米的面片16，把叠起来的1组蛋糕片放在面片的中间17。

➤ 用刀将面片两边各切成10~13条18，将面条左右交叉覆在蛋糕片上面19，编织成交叉的纹理状。

➤ 蛋糕体全部包住以后，把头尾两端的面皮捏紧收口，将两条面包坯放在烤盘上，放温暖湿润处二次发酵至原来的2倍大，刷上全蛋液，撒少许杏仁片。

➤ 烤箱预热到180℃，中层烤25~30分钟，出炉后晾到手心温度后密封保存20。

千层豆沙吐司 GRAND MARBLE 入门款

🗑 口味：甜　🥣 份数：1　🍽 模具：450 克吐司模具 1 个

制作
260 分钟

烘烤
35 分钟

面团材料

高筋面粉290克

酵母4克

无盐黄油35克

全蛋液35克

盐4克

细砂糖30克

奶粉10克

水140克

夹馅

豆沙馅250克(做法见199页)

表面装饰

全蛋液适量

Tips

· 面团一定要揉到完全阶段，这样延展性好，擀开后面团不容易回缩。

· 做需要叠黄油或者叠千层的吐司最好用走锤擀面杖。

· 编辫子时尽量切口朝上，这样烤出来的面包更好看。编的时候注意不要编得太紧，防止发酵时面筋拉断，导致成品变形。

· 小烤箱烤吐司的时候，上色满意而烘烤还没结束时要及时加盖锡纸，防止表面烤糊。

做法

➤ 将豆沙馅铺在保鲜膜上，均匀擀成25厘米×15厘米左右的大小，放入冰箱冷藏。

➤ 将面团材料中除无盐黄油以外的所有材料混合，揉成光滑的面团，加入软化黄油，继续揉至完全阶段 **1**。

➤ 将揉好的面团放入容器，盖上保鲜膜，放在25~28℃的环境中进行基础发酵，至原来的2~2.5倍大，手指蘸粉戳孔，不回弹、不塌陷。

➤ 将发酵好的面团取出，轻拍排气，滚圆后盖保鲜膜松弛15分钟，将面团擀成薄的35厘米×25厘米的长方形大面片 **2**，将豆沙片铺在中间 **3**，再将面片两端向内折，包紧豆沙片，捏紧接缝处 **4**，用走锤擀面杖擀成约60厘米×15厘米的长方形面片 **5**，使豆沙片和面团一起延展。

➤ 从右边1/8处，左边3/8处向内折 **6**，再对折，完成第1次四折 **7**，再次将面团顺擀成约60厘米×15厘米长方形面片 **8**，从右边1/8处，左边3/8处向内折，然后再次对折 **9**，完成第2次四折。

➤ 将叠好的面团擀薄一些，均匀切成3条 **10**，注意顶部不要切断，留2厘米距离，将3条长面团编成辫子状 **11**，切口朝上，尾部捏紧，收口朝下，摆放在吐司盒内 **12**。

➤ 放在温暖湿润处，二次发酵至原来的2倍大，表面刷全蛋液，烤箱预热，放入下层，让模具处在烤箱正中间位置，175℃烤约35分钟至表面呈金黄色即可。

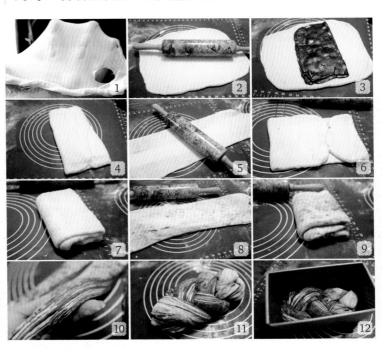

月曼吐司

比克利丝汀的经典"金砖"更柔软

口味：甜　　份数：1　　模具：450 克吐司模具 1 个

面团材料

高筋面粉190克

低筋面粉60克

酵母3.5克

细砂糖45克

盐3克

奶粉11克

全蛋液35克

淡奶油16克

无盐黄油20克

裹入用油

片状黄油115克

表面装饰

杏仁片适量

全蛋液适量

糖粉适量

Tips

·擀面团的时候可以撒些高筋面粉防粘,力度要均匀。

·因为吐司盒底部有洞,烤的时候会有少许油流出,烘烤的时候,吐司盒要放在烤盘上,不能放在烤网上,以免弄脏烤箱。

·制作丹麦吐司需要注意:开酥所在环境温度24℃;面团要揉到完全阶段;不需要基础发酵;最终发酵温度28℃,相对湿度70%,温度不宜过高,否则黄油易融化。

·丹麦吐司的面团软硬度一定要跟裹入用的黄油一致。黄油片不可以太软,也不能太硬了,否则擀的时候黄油会很容易被擀断。

做法

➤ 将面团材料里除无盐黄油以外的所有材料混合,揉到面团光滑,加入软化黄油,继续揉至面团能拉出透明结实薄膜的完全阶段❶。

➤ 将面团擀成稍微有点厚的面片,用保鲜膜包起来❷,放入冰箱冷冻室,−18℃下冷冻30分钟。

➤ 将软化的片状黄油铺在保鲜膜上,再盖上一片保鲜膜,用擀面杖将黄油块敲打均匀,再将黄油对折,再次敲打均匀,最后擀成长方形的黄油片❸。

➤ 取出冷冻好的面团,擀成为黄油片2倍大的长方形面片,将黄油片放在面片中间❹。

➤ 将黄油包好,捏紧接缝处,将接缝处收口朝下,擀成长方形的大片,右边向内折1/4,左边也折上来❺,对折,完成第1次三折。

➤ 将折好的面片顺着长的一边再次擀开❻,右边向内折1/4,左边也折上来,再对折,完成第2次三折❼。

➤ 擀成15厘米×25厘米左右的长方形厚片,再切成约1.5厘米×25厘米的长条9条❽,将长条分成三条一组,切面朝上,稍微按压一下,编成麻花辫,依次处理好3个麻花辫面团,将两头相接,接口朝下,放入吐司盒内❾。

➤ 在温度28~29℃,相对湿度70%的环境下进行最终发酵,至八分满,在发酵好的吐司表面刷一层薄薄的全蛋液,撒少许杏仁片装饰。

➤ 放入提前预热好的烤箱,下层,上下火200℃烘烤10分钟,转180℃烘烤32分钟,出炉后立刻脱模至冷却架放凉,表面撒糖粉。

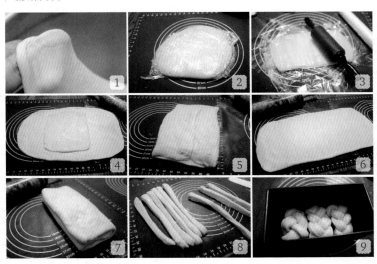

咖啡乳酪软欧

"咖啡甜心"简易版

制作
16~28 小时

烘烤
20~22 分钟

口味：甜　　份数：2

发酵时间更长，做出来的面包自然也更
费工夫，但能充分释放面粉和酵母中
的风味，尝到层次更丰富的味道，入口
微苦，带点奶酪的甜，喜欢欧包的朋友
一定不能错过。

波兰种面团材料

高筋面粉100克

水100克

酵母0.5克

主面团材料

高筋面粉200克

咖啡粉10克

酵母3克

水85克

淡奶油30克

盐4克

细砂糖45克

无盐黄油15克

夹馅

奶油奶酪100克

奶粉10克

糖粉10克

牛奶10克

表面装饰

高筋面粉适量

做法

➤ 将波兰种面团的所有材料混合 **1**，搅拌均匀，室温发酵至涨发到最高点后回落齐平，表面出现许多气泡，内部呈现丰富的蜂窝组织状态 **2**。

➤ 将发酵好的波兰种面团放入冰箱冷藏12~24小时。

➤ 将波兰种面团撕成小块，和主面团材料里除无盐黄油外的所有材料混合 **3**，揉到光滑，加入软化黄油，再揉到完全状态 **4**。

➤ 将揉好的面团收圆，放入容器中进行基础发酵，至原来的2~2.5倍大 **5**。

➤ 取出发酵好的面团，轻轻按压排出面团内的大气泡，均匀分割成两块，滚圆后盖上保鲜膜松弛30分钟。

➤ 将其中一个面团擀成长形面片后翻面 **6**。

➤ 奶油奶酪软化 **7**，加入糖粉、奶粉和牛奶混合，搅拌均匀，装入裱花袋中 **8**，挤在面片中间 **9**。

➤ 捏紧收口处 **10**，将收口朝下，再将面团搓长一些 **11**。

➤ 从两头盘起来成"S"形 **12**，排放在烤盘上，放在约35℃的环境下进行第二次发酵，约1小时至原来的2倍大。

➤ 发酵结束后，表面筛高筋面粉，烤箱预热到190℃，中下层，上下火烤20~22分钟即可。

手撕包

排队要用小时算的苏州"口碑面包"

制作
200 分钟

烘烤
30 分钟

🎂 口味：甜　　🍪 份数：2　　🧁 模具：6 寸圆形模具 2 个

面团材料

高筋面粉200克

低筋面粉50克

细砂糖40克

盐4克

酵母4克

牛奶140克

全蛋液25克

无盐黄油20克

裹入用油

片状黄油125克

表面装饰

全蛋液少许

杏仁片少许

做法

▶ 将面团材料里除无盐黄油以外的所有材料混合，揉至面团光滑、面筋扩展，加入软化黄油，继续揉至能拉出大片薄且有韧性膜的完全阶段1，将揉好的面团压扁，用保鲜膜包起来，放入冰箱冷冻室冷冻30分钟。

▶ 将软化的片状黄油擀平成方形，再将冷冻后的面团，擀成长度为片状黄油长度2.5倍的长方形面片，将片状黄油片铺在擀好的面片中间2，四周包起来，捏紧收口处3。

▶ 把面团翻面，收口朝下，顺着长的方向擀开4。将擀好的面片左边向中间折1/3，右边折1/3，完成第1次三折5，盖上保鲜膜，放入冰箱冷藏松弛15分钟。

▶ 取出面团，再次擀开6，左边折1/3，右边再折1/3，完成第2次三折7，盖上保鲜膜，再次放入冰箱冷藏松弛15分钟。

▶ 再次完成1次三折，一共3次三折，并冷藏松弛15分钟，把三折好的面片重新擀开8，成厚约1厘米、长约30厘米、宽约20厘米的长方形薄面片，用切板切成四等份9，将切好的两片面片叠加在一起，切面朝上，再将两头对折，向内卷成如意形状10。

▶ 放在6寸模具内11，在不超过28℃的环境下二次发酵至原来的2倍大，表面刷全蛋液，撒杏仁片12。

▶ 放入预热好的烤箱，200℃烤约10分钟，转180℃烤20分钟，出炉后立刻脱模，放在晾网上晾凉。

Tips

· 因为面团内裹入了黄油，所以二次发酵温度不能超过28℃，防止黄油融化。

· 面团擀的时候容易回缩，所以一定要充分松弛，就是将面团静置一段时间（最好冷藏，防止松弛时间过长而导致发酵过度），这样面团的张力消失，擀的时候就不易回缩。如果擀的时候擀不开，就不要强行擀面团，只要冷藏松弛一会儿就可以了。

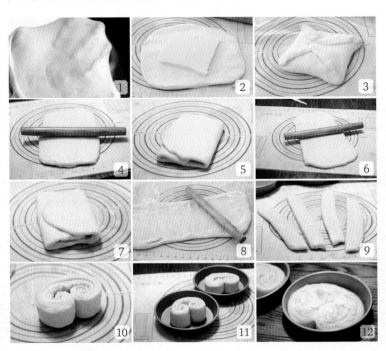

盐面包卷

都恩客带来的"面包减法"启示

口味：咸　　份数：10

面团材料

高筋面粉180克

低筋面粉60克

奶粉10克

酵母2.5克

细砂糖15克

盐4.5克

全蛋液35克

水115克

淡奶油22克

无盐黄油16克

裹入用油

有盐黄油50克

表面装饰

全蛋液适量
白芝麻少许

做法

➤ 将面团材料里除无盐黄油外的所有材料混合**1**，揉成光滑的面团，加入软化黄油，继续揉至完全阶段**2**。

➤ 将揉好的面团放入容器，盖上保鲜膜，放在25~28℃的环境中进行基础发酵，至原来的2~2.5倍大，手指蘸粉戳孔，不回弹、不塌陷**3**。

➤ 将发酵好的面团取出，轻拍排气，分成10等份，滚圆。

➤ 将面团压成椭圆形，两边向内折成一头大一头小的水滴形**4**，盖保鲜膜松弛15分钟。

➤ 将松弛后的面团擀长，擀成上宽下尖的三角形**5**，将三角形面片尽量擀薄擀长一些。

➤ 在面片上抹上薄薄一层4克有盐黄油**6**，靠近底端尖的部分不要抹，然后自上而下卷起来**7**。

➤ 依次处理好所有的面包坯，收口朝下，排放在烤盘上，放在温暖湿润处，二次发酵至原来的2倍大，表面刷全蛋液，撒白芝麻**8**。

➤ 烤箱预热到190℃，烤约20分钟至表面呈金黄色**9**，出炉后放晾网上晾凉，密封保存。

Tips

· 没有有盐黄油的话，就将1克盐加入到50克软化的无盐黄油里拌匀。

· 二次发酵时温度不宜过高，否则夹层的黄油会融化流出。

· 烤的时候黄油熔化，所以成品中间会有少许空层，是正常的。

奥利奥奶酪包 "黑骑士"的亲和款

 口味：甜　🍪 份数：6

制作
200 分钟

烘烤
20 分钟

面团材料

老面70克

高筋面粉210克

奶粉8克

盐3克

细砂糖35克

酵母2.5克

全蛋液20克

牛奶125克

无盐黄油20克

夹馅

奶油奶酪150克

糖粉20克

奥利奥饼干碎20克

表面装饰

全蛋液适量

奥利奥夹心饼干6块

糖粉适量

做法

➤ 老面撕成小块，与面团材料里除无盐黄油以外的所有材料混合 **1**，揉到面团光滑，加入软化黄油 **2**，继续揉至面团能拉出大片薄膜的扩展阶段 **3**。

➤ 将面团收圆，放盆中 **4**，盖保鲜膜放温暖湿润处发酵至原来的2.5倍大 **5**。取出发酵好的面团，按压排出面团内气体 **6**，分割成6等份，滚圆 **7**，盖上保鲜膜，松弛15分钟。

➤ 取一份面团，擀成椭圆形的长面片 **8**，翻面。擀薄底端 **9**，再从上往下卷起 **10**，卷成橄榄形，捏紧底部收口，收口朝下，排放在烤盘中 **11**，放温暖湿润处二次发酵至原来的2倍大，表面刷全蛋液 **12**，烤箱预热到180℃，中层烤20分钟左右。

➤ 烘烤期间，将奶油奶酪 **13**、糖粉混合，搅拌均匀，取1大匙装入安装了挤线花嘴的裱花袋里，再将剩余的奶油奶酪加入奥利奥饼干碎 **14**，拌匀 **15**，装入安装了8齿花嘴的裱花袋里 **16**。

➤ 将面包放凉后从中间切开，底部不要切断，中间挤上奥利奥奶酪馅 **17**，表面再挤上纯奶酪线条，表面筛少许糖粉 **18**，装饰上奥利奥夹心饼干块即可。

Tips

·老面的做法见139页，老面团中含有很多天然酵母菌，可以起到促进发酵、延缓面包老化和丰富味道的作用。用老面来做这款面包，味道更加细腻。

低糖面包更健康
咕咕霍夫低糖版

制作
6 小时

烘烤
20 分钟

🧂 口味：甜　　🍥 份数：7　　🥟 模具：4 寸花型模具 7 个

在阿尔萨斯地区，圣诞节一定少不了咕咕霍夫。出炉后的咕咕霍夫，筛上一层糖粉，和窗外她她白雪相呼应，更有节日气氛。就连《哈利·波特》里魔法世界的圣诞节也少不了它的身影。

面团材料

高筋面粉260克

无盐黄油70克

酵母4克

盐4克

细砂糖25克

牛奶85克

全蛋2个

夹馅

葡萄干50克

朗姆酒50克

表面装饰

杏仁片适量

糖粉适量

Tips

· 因为此款面包所用的黄油多，刚开始揉比较粘手，继续坚持揉下去就不粘手了。

· 这款面包含糖量低，不太甜，喜欢甜味重的话再加20克细砂糖。

· 朗姆酒渍葡糖干揉入面团前，可用厨房纸巾吸干水分再加入。

· 如果不是不粘模具，模具内要先抹少许软化黄油。

做法

➤ 葡萄干与朗姆酒混合，浸泡3小时以上，沥干多余酒，备用。

➤ 将面团材料里除无盐黄油以外的所有材料混合，放入面包机桶内，揉约20分钟 **1**，面团达到光滑、能出粗膜，加入软化黄油 **2**，继续揉至黄油被吸收，直至扩展阶段，此时面团光滑有弹性，稍微粘手，但面不会粘手 **3**。

➤ 加入朗姆酒渍葡萄干，揉匀 **4**。

➤ 启动面包机发酵程序，发酵至原来的约2.5倍大 **5**。

➤ 取出发酵完的面团，排气后滚圆，松弛15分钟，将面团分割成7份，滚圆，盖上保鲜膜松弛20分钟。

➤ 将杏仁片均匀铺在模具底部 **6**。

➤ 取一份松弛好的面团，揉圆后在面团中间戳个洞 **7**，放入模具内，依次处理好所有面团放温暖湿润处二次发酵至原来的2倍大。

➤ 发酵完成后，烤箱预热到180℃，烤20分钟左右至表面呈金黄色 **8**，出炉后立即脱模 **9**，在烤架上放凉，冷却后撒上适量糖粉装饰。

北海道纯奶吐司

制作
21 小时

烘烤
40 分钟

口味：甜　　份数：1　　模具：450 克吐司模具 1 个

日剧《幸福的面包》中，夫妻俩经营的面包咖啡馆里有一行字令人印象深刻：每当我们彼此分享，似乎就能彼此理解。吐司大概是最适合分享的一款面包了，这种平凡的食物能够使我们感受到人与人之间微妙的关系。

中种面团材料

高筋面粉300克

细砂糖9克

酵母2克

牛奶96克

淡奶油84克

鸡蛋清21克

无盐黄油6克

主面团材料

鸡蛋清24克

细砂糖25克

盐3克

酵母1克

奶粉18克

无盐黄油6克

表面装饰

全蛋液适量

Tips

· 此款是100%中种北海道吐司, 100%中种的意思就是所有面粉都在中种面团里, 所以主面团材料里是没有面粉的。

· 这个面团含水量非常高, 建议用面包机或厨师机揉面, 面团虽然会非常湿软, 但是揉到完全阶段后出膜还是不错的。

做法

➤ 将中种面团所有材料混合 1 , 揉至面团稍具光滑 2 , 用冷藏法发酵约18个小时, 至原来的2~2.5倍大 3 。

➤ 将发好的中种面团撕成小块, 与主面团材料中除无盐黄油外的所有材料混合 4 , 揉至面团光滑有弹性, 加入软化黄油, 继续揉至可以拉出透明结实薄膜的完全阶段 5 。

➤ 将揉好的面团收圆, 放入盆中, 盖上保鲜膜, 进行基础发酵, 约30分钟。

➤ 将面团分成3等份, 滚圆, 盖上保鲜膜松弛20分钟。

➤ 将松弛好的面团擀成椭圆形 6 , 从上往下卷起, 盖上保鲜膜松弛15分钟。

➤ 再次擀开后卷起, 排放在吐司盒内 7 。

➤ 烤箱内放一碗热水, 发酵模式设置在38℃, 将吐司盒放入烤箱内, 二次发酵至八分满 8 。

➤ 表面刷全蛋液 9 , 取出吐司盒和热水, 烤箱预热到180℃, 将吐司盒放在烤箱下层, 上下火烤40分钟至表面呈金黄色即可。

日式面包卷低糖版

口味：甜　　份数：10

制作
240 分钟

烘烤
18 分钟

甜甜的点心，暖暖的人情，在《海鸥食堂》独持
的温馨气氛中，我们体会到了人与人之间微妙的
缘分，有时候一份热乎乎的面包，比几句体恤的
话语更安慰贴心。

中种面团材料

高筋面粉210克
细砂糖15克
酵母3克
牛奶130克

主面团材料

高筋面粉90克
奶粉10克
酵母1克
细砂糖25克
盐4克
全蛋液50克
牛奶30克
无盐黄油45克

表面装饰

高筋面粉适量

做法

➤ 将中种面团的所有材料混合均匀，揉成光滑的面团，放入大盆，盖保鲜膜，室温下发酵至3~4倍大 **1** 。

➤ 将发酵好的中种面团撕成小块，和主面团材料中除无盐黄油以外所有的材料混合 **2** ，揉成出粗膜的光滑面团，加入软化黄油 **3** ，继续揉至可以拉出大片透明结实薄膜的完全阶段 **4** 。

➤ 将面团放入容器，盖上保鲜膜，室温下松弛30分钟。

➤ 将松弛好的面团等分为10份 **5** ，滚圆后盖保鲜膜，松弛20分钟。

➤ 取一个面团，擀成长椭圆形 **6** ，上下各向中间1/3处对折 **7** ，再次用擀面杖擀长成牛舌状 **8** ，上下两端同时向中间卷起，卷到中间对接起来 **9** ，依次处理好所有面团。

➤ 翻过来放入烤盘中 **10** ，放入烤箱内，内部再放一碗热水，二次发酵至原来的2倍大，表面割上"X"形刀口 **11** **12** ，筛高筋面粉 **13** 。

➤ 端出烤箱内的热水和烤盘，将烤箱预热到170℃，放入烤箱中层，上下火烘烤约18分钟出炉 **14** 。

Tips

·中种面团揉至光滑就可以了，不需要出膜。

·顶部上色后要及时盖锡纸，温度和时间根据自家烤箱调整。出炉后马上放到晾网上，晾至手心温度后密封保存即可。

红糖核桃软欧

口味：甜　　份数：3

偶尔看一部文艺治愈的电影，是一种温暖的享受。《小森林》里每道菜用到的食材皆为亲手所得，烤面包也是如此，简单不简陋，精致且认真，用心对待生活的人，往往是最美的。

面团材料

高筋面粉250克
红糖30克
酵母3.5克
盐4克
水150克

夹馅

核桃仁70克
提子干70克
红糖20克

表面装饰

高筋面粉适量

做法

➤ 将所有的面团材料混合 **1**，揉至可拉出光滑薄膜的完全阶段。

➤ 分出120克面团备用，将剩余的面团加入一半的核桃仁和提子干 **2**，揉匀，分别将两份面团放温暖湿润处进行基础发酵，至原来的2倍大。

➤ 将发酵好的两份面团取出 **3**，轻拍排气，称重后将2份面团分别等分为3份 **4**，滚圆后盖保鲜膜，松弛20分钟。

➤ 取一个松弛好的有坚果的面团，擀成椭圆形 **5**，上面撒上少许红糖，再撒上1/3剩余的核桃仁和提子干 **6**。

➤ 从上往下卷起 **7**，成两头略尖的橄榄形。

➤ 将无坚果的原味面团用擀面杖擀开成长方形薄面皮，将坚果面包坯放在原味面皮上 **8**。

➤ 用外皮将面包坯包起来，捏紧收口处，收口朝下，依次处理好所有面团，整齐排放在烤盘上 **9**。

➤ 放在温暖湿润处二次发酵至原来的2倍大，表面筛上一层高筋面粉，割上刀口 **10** **11**。

➤ 放入预热好的烤箱，上下火200℃烘烤25分钟出炉。

低糖黄豆餐包

制作
190 分钟

烘烤
22 分钟

🍮 口味：甜　　🍪 份数：8

正如《面包和汤和猫咪好天气》里所呈现
的，黄豆餐包散发着由内而外的温和气
息，在高负荷的生活重压下停下急促的脚
步，放缓节奏看一部剧、品尝一块面包，
既有果腹佳品，又获得精神能量。

面团材料

老面60克
熟黄豆粉30克
高筋面粉270克
细砂糖45克
酵母3.5克
无盐黄油20克
盐3克
水192克

表面装饰

熟黄豆粉适量
清水适量

做法

> 将老面撕成小块❶，与面团材料里除无盐黄油以外的所有材料混合，揉到面团光滑，加入软化黄油❷。

> 继续揉至面团能拉出大片薄膜的扩展阶段❸。

> 将面团收圆❹，放入盆中，放在温暖湿润处发酵至原来的约2.5倍大❺。

> 取出发酵好的面团，按压排出面团内气体❻。

> 将发酵好的面团分割成8份，滚圆❼，盖上保鲜膜，松弛15分钟。

> 取一份面团，擀成椭圆形的长面片❽，翻面。

> 擀薄底端，再从上往下卷起❾，卷成橄榄形，捏紧底部收口，再稍微搓长一些。

> 表面刷清水❿，蘸满熟黄豆粉⓫，再用筷子从中间用力压一道压痕⓬。

> 收口朝下，排放在烤盘中⓭，放温暖湿润处二次发酵至原来的2倍大⓮。

> 烤箱预热到175℃，中层烤22分钟左右即可⓯。

Tips

·边角料可以随意捏成团一起烤，也可以直接切块来烤，这样就不会有剩余的面团。

·做好的黄豆餐包可以直接吃，也可以夹蔬菜、煎蛋、培根、奶酪，挤入番茄酱，做成三明治，当早餐食用。

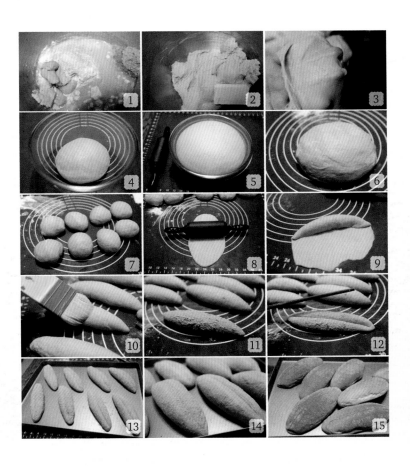

低糖千层杏仁面包

口味：甜　　份数：16

在《美食、祈祷和恋爱》中，伊丽莎白踏上周游世界的旅途，认真思考人生的种种。偶尔我们也需要"随心而动"的勇气——为自己去品尝美食、享受人生，不为其他。

主面团材料

高筋面粉250克

细砂糖40克

盐3克

奶粉10克

酵母3.5克

牛奶75克

淡奶油25克

全蛋液50克

蜂蜜10克

无盐黄油25克

夹馅面团

无盐黄油50克

糖粉30克

全蛋液25克

低筋面粉100克

表面装饰

全蛋液少许

杏仁片少许

做法

➤ 将主面团材料里除无盐黄油外的所有材料混合 **1**，揉至面团光滑、面筋扩展，加入软化黄油，继续揉至能拉出薄且有韧性膜的完全阶段 **2**。

➤ 将主面团收圆，放入容器中，放在温暖湿润处进行基础发酵，至原来的2.5倍大。

➤ 发酵期间，制作夹馅面团，黄油软化后加入糖粉 **3**，混合搅拌均匀，再加入全蛋液，搅拌均匀后加入低筋面粉 **4**，拌匀成光滑面团 **5**，放在保鲜膜上擀成长方形面片 **6**。

➤ 取出发酵好的主面团，按压排气，盖上保鲜膜，松弛10分钟。

➤ 将松弛好的主面团擀成长方形面片(面积是夹馅面团的2倍大)，将夹馅面团放在主面团中间 **7**。

➤ 四周包起来，捏紧收口处 **8**，顺着长的方向擀开，右边向中间折1/3 **9**，左边折1/3 **10**，完成第1次三折。

➤ 沿折线方向再次擀开 **11**，右边折1/3，左边再折1/3，完成第2次三折 **12**，盖上保鲜膜，松弛15分钟。

➤ 再次擀开成长方形面片，厚度约1厘米 **13**，用直径7~10厘米的模具压出小面坯 **14**。

➤ 将压好的面包坯整齐排放在烤盘上，二次发酵至原来的2倍大，表面刷全蛋液，撒杏仁片 **15**。

➤ 放入预热好的烤箱，180℃烤约15分钟至表面呈金黄色即可。

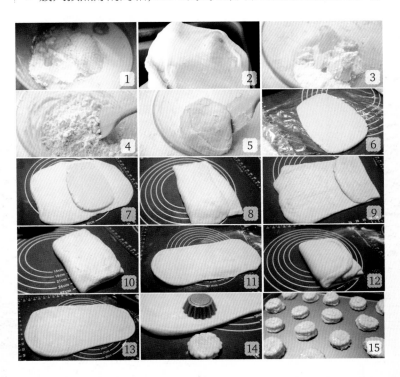

Tips

·每次擀开前，用擀面杖均匀轻敲下面皮表面，既能使面皮厚度均匀，也可排出空气。

丹麦可颂

 口味：甜　　● 份数：10

大名鼎鼎的可颂，已经成了法式烘焙的象征。在法国街边随意走进一家小店，总是能看到它的身影。

面团材料

高筋面粉250克
低筋面粉50克
酵母3克
细砂糖20克
盐4克
奶粉6克
水120克
无盐黄油20克

裹入用油

片状黄油120克

表面装饰

全蛋液少许

做法

➤ 将面团材料里除无盐黄油以外的所有材料放入面包机桶内,启动和面程序,将面团揉至扩展阶段,加入软化黄油,再次启动和面程序,揉至完全阶段。

➤ 将面团擀开 **1**,放入冰箱里冷冻30分钟。

➤ 冷冻面团时将稍软化的黄油片放入保鲜袋中擀成长方形 **2**。

➤ 案板上撒少许高筋面粉,取出冷冻好的面团,擀成比黄油大2倍的长方形面片,将擀开的黄油片放在面片中间 **3**。

➤ 将面片向内折,包紧黄油片,捏紧接缝处 **4**。

➤ 用擀面杖将面团擀成长方形的大片 **5**,从左右各1/3处向中间折,完成第1次三折 **6**,再将面团顺折痕方向擀长 **7**。

➤ 从左右各1/3处向中间折,完成第2次三折 **8**,放入冰箱冷藏1小时,将冷藏的面团取出,顺折痕方向擀长 **9**。

➤ 从左右各1/3处向中间折,完成第3次三折 **10**。

➤ 将三折后的面团冷藏松弛30分钟,擀成约4毫米厚的大面片 **11**,用刀切成方正的长方形面片,再切成底边长约9厘米,高约21厘米的等腰三角形面片,将三角形面片从宽处的底边自上而下卷成牛角形 **12 13**,依次卷好所有的面包坯 **14**。

➤ 将面包坯排放在烤盘上 **15**,放在温暖湿润处进行二次发酵,发酵结束后,在面包坯表面刷全蛋液。

➤ 放入预热到180℃的烤箱,中层,上下火烤15分钟左右至表面呈金黄色即可。

Tips

· 面团要冻至与黄油的软硬程度差不多,否则面团太软不容易与黄油一起被擀开。

· 这个面包用到的片状黄油为动物性黄油,而非人造黄油(玛琪琳),相比起来要健康得多。

· 片状黄油含水量低,所以最适合做酥皮类的点心。如果没有片状黄油,也可以用普通的动物性黄油,制作前需要擀成片状,最好在室温20℃以下的环境内操作,防止面团破皮。

· 多余的切边随意卷起来一起烤即可。

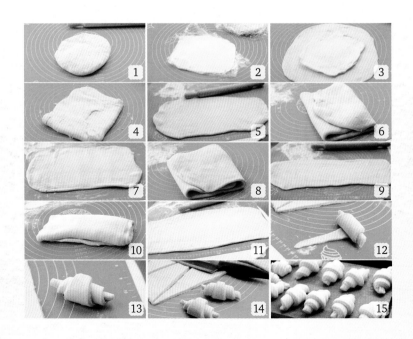

丹麦玫瑰面包

面团材料

高筋面粉200克

低筋面粉50克

细砂糖40克

盐4克

酵母4克

鸡蛋液25克

牛奶140克

片状黄油125克

夹馅

提子干50克

表面装饰

全蛋液适量

Tips

· 裹入黄油要使用开酥专用的片状黄油。开酥面团最好使用比较重的走锤将面团擀开。起酥面团无须基础发酵，使用冷藏的鸡蛋和液体来揉面以控制面团。

· 面团要冻得和黄油的软硬程度差不多，这样擀的时候黄油才容易随面团一起被擀开。

· 最终发酵不可以超过28℃，相对湿度70%，温度过高裹入的黄油片会融化漏出。

做法

➤ 将面团材料里除片状黄油以外的所有材料混合，揉到面团光滑有弹性 1 。

➤ 将面团擀成稍微有点厚的面片，用保鲜膜包起来放入冰箱 2 ，放入−18℃的冷冻室冷冻30分钟。

➤ 将软化的片状黄油铺在保鲜膜上，再盖上一片保鲜膜，用擀面杖将黄油块敲打均匀，再将黄油对折重复再次敲打均匀，最后擀成长方形的黄油片 3 。

➤ 取出冷冻好的面团，擀成为黄油片两倍大小的长方形面片 4 。

➤ 将黄油片放在面片中间 5 。将黄油包好，捏紧接缝处 6 。将接缝处收口朝下，将面团擀成长方形的大片 7 ，大约长60厘米×15厘米，进行第一次的四折。擀的时候要撒些高筋面粉防粘，力度要均匀右边向内折1/4，左边也折上来 8 。然后对折 9 ，完成了第一次的四折。将折好的面片顺着长的一边再次擀开 10 。再次擀成长长的大面片 11 ，开始进行第二次四折，折法和之前一样 12 。

➤ 第二次四折完成后直接擀成约1.5厘米厚的方形厚片 13 ，用保鲜膜包好冷冻30分钟。

➤ 将厚面片切成12条约90克重的长条 14 。如果因为温度高，面团太软可以冷藏一会再切。将长条分成两条一组，切面朝上稍微按压一下，将两根长条编成麻花辫 15 ，辫子上再铺上提子干 16 。从一端向另一端卷起来 17 ，捏紧收口处。

➤ 依次处理好6个面团，将面团放入烘焙纸杯内 18 ，再放入烤盘。

➤ 开始进行最终发酵，在温度28℃，相对湿度75%的环境下发酵至原来的2倍大 19 。在发酵好的面团表面刷一层薄薄的蛋液。

➤ 将烤盘放入提前预热好的烤箱，下层上下火190℃烘烤20分钟左右即可 20 ，出炉后立刻脱模至冷却架放凉。

日式大米吐司

口味：甜　　份数：1

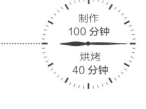

制作
100 分钟

烘烤
40 分钟

面团材料

熟大米饭 180 克
高筋面粉 300 克
酵母 4 克
细砂糖 45 克
奶粉 15 克
牛奶 172 克
无盐黄油 35 克

Tips

· 这是简易版的面包机和吐司，有时间的话可以将发酵好的面团取出排气、整形，并擀卷两次经过三次发酵，面包会更有风味。

做法

➤ 将除无盐黄油外的所有材料放入面包机桶内 **1**，启动和面程序，20 分钟后，面团被揉至稍光滑状 **2**，可以拉出比较粗糙的膜，此时面团达到扩展阶段。

➤ 加入软化黄油 **3**，再次启动和面程序，继续揉 20 分钟，和面结束，检查面团出膜，可以拉出透明有韧性的薄膜 **4**。

➤ 启动面包机发酵程序 **5**，面团发至原来的 2 倍大 **6**，再启动面包机烘烤程序，约 40 分钟烘烤结束后，取出晾凉 **7**。

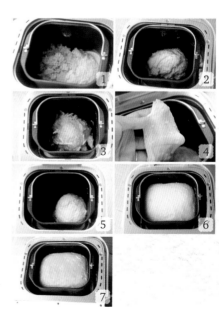

法式布里欧修餐包

制作
160 分钟

烘烤
25 分钟

🍶 口味：甜　　🍪 份数：16　　🧁 模具：21.5 厘米 × 21.5 厘米烤盘 1 个

面团材料

高筋面粉 320 克
酵母 5 克
细砂糖 50 克
盐 4 克
奶粉 12 克
全蛋液 170 克
牛奶 30 克
无盐黄油 140 克

做法

▷ 将面团材料中除无盐黄油以外的所有材料混合，揉至面团出粗膜状态，分 5 次加入黄油，每次揉匀后再继续加入，揉至黄油与面团完全融合，可以扯出较为结实的透明薄膜。

▷ 将面团收圆 **1**，盖上保鲜膜，放在温暖湿润处进行基础发酵，至原来的 2.5 倍大 **2**。

▷ 取出发酵好的面团，按压排气，等分为 16 个、每个约 45 克重的小面团，滚圆，排放在烤盘中 **3**。

▷ 放在温度为 37℃、相对湿度为 75% 左右的环境下，二次发酵至原来的 2 倍大 **4**。

▷ 放入预热好的烤箱中下层，上下火 180℃烘烤 25 分钟左右，出炉后脱模放凉即可 **5**。

法式庞多米

口味：甜　　份数：1　　模具：450 克吐司模具 1 个

制作
200 分钟

烘烤
40 分钟

面团材料

高筋面粉300克
水195克
细砂糖25克
盐4克
奶粉12克
酵母3.5克
无盐黄油30克

Tips

·擀卷时，第一次擀卷1.5~2个圈，第二次擀卷2.5~3个圈。

做法

➤ 将除无盐黄油以外的所有材料放入面包机桶内，启动和面程序，约20分钟，1个和面程序结束后，面团揉到了表面略具光滑的扩展阶段。

➤ 加入软化的黄油 1，再次启动和面程序，和面程序结束后，面团揉至光滑的完全阶段 2。

➤ 启动面包机发酵程序，至原来的2.5倍大 3。

➤ 将发酵好的面团取出，按压排气，分割成3等份，滚圆 4，盖上保鲜膜，松弛15分钟。

➤ 用擀面杖将松弛好的面团擀成椭圆形 5。

➤ 翻面卷起，盖上保鲜膜，松弛15分钟，再次擀开 6，卷起 7 8。

➤ 放入吐司模内 9 进行二次发酵，至占八分满 10。

➤ 烤箱预热到180℃，下层，上下火烤40分钟。

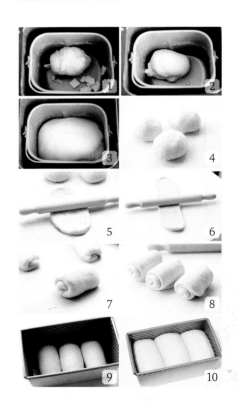

法式牛奶哈斯面包

口味：甜　　份数：4

面团材料

高筋面粉190克
低筋面粉60克
细砂糖30克
酵母3.5克
盐4克
鸡蛋黄1个
牛奶130毫升
淡奶油20毫升
无盐黄油25克

做法

> 将牛奶1和淡奶油倒入面包机桶内，倒入细砂糖2和面粉3，最后加入酵母4，启动面包机和面程序，1个和面程序结束，面团揉至稍具光滑状，可以拉出粗糙的膜5。

> 加入软化黄油，再次启动面包机和面程序，和面结束，面团揉至完全阶段6。

> 启动面包机发酵程序，进行基础发酵，取出发酵好的面团，按压排气，分成4等份，滚圆后松弛30分钟。

> 取一块面团按扁，左右折叠，按成椭圆形的面片，再用擀面杖擀成长片。

> 将长面片从上往下卷起来7，要卷得紧密整齐8。

> 依次卷好所有的面片坯，排放在铺了油纸的烤盘中，放在温暖湿润处进行二次发酵，至原来的2倍大9。

> 用刀在面包坯上竖着划五刀10。

> 烤箱预热到180℃，放在中层，烤25分钟左右至表面呈金黄色即可。

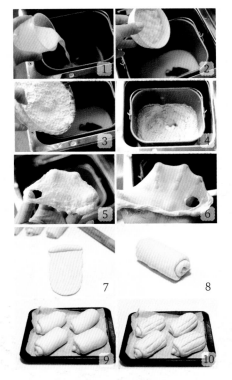

墨西哥草帽面包

🧂 口味：甜　　🍪 份数：10

墨西哥面包通常是没有馅的纯面包，当地人一般喜欢拿面包蘸果酱吃，这款面包由一对华人夫妇创造出来，他们将墨西哥传统甜面包，配合像极了墨西哥草帽的脆皮甜帽，表面酥脆香甜，里面香软美味。

面团材料

高筋面粉270克

低筋面粉30克

细砂糖45克

盐4克

全蛋液50克

蜂蜜10克

牛奶125克

奶粉10克

酵母4克

无盐黄油35克

咖啡墨西哥糊材料

无盐黄油60克

细砂糖50克

全蛋液30克

低筋面粉50克

杏仁粉18克

咖啡粉4克

牛奶12克

做法

▷ 将面团材料里除无盐黄油以外的所有材料放入面包机或厨师机内，揉成光滑的面团，加入软化黄油，继续揉至面团扩展阶段1。

▷ 将面团揉圆放入盆中2，盖上保鲜膜进行基础发酵，至原来的2.5倍大，用手指蘸干粉戳一个洞，洞口不会马上回缩3。

▷ 取出发酵好的面团，按压排出面团内气体，将面团分成均匀的10等份，盖上保鲜膜，松弛10分钟。

▷ 将面团滚圆，揉成圆形，排放在烤盘中4，进行二次发酵。

▷ 发酵期间，制作咖啡墨西哥糊，黄油软化后加入细砂糖，用打蛋器搅打顺滑5，牛奶中加咖啡粉，搅拌均匀，加入黄油糊中搅拌均匀6，再加入全蛋液7，搅拌均匀，最后将低筋面粉和杏仁粉混合8，加入咖啡黄油糊中，翻拌均匀9，装入裱花袋里备用10。

▷ 取出发酵好的面团，按图示挤上咖啡墨西哥糊11 12。

▷ 预热烤箱，中层，180℃烤18~20分钟，面包表面呈金黄色，用手指按压后凹印可以马上回弹即烤好了。

Tips

· 挤咖啡墨西哥糊的时候只要挤1/3满就可以了，不用全部覆盖，黄油遇热会熔化，烤的时候自然会分布在整个面包表面。

· 挤咖啡墨西哥糊的时候可以不用裱花嘴，将裱花袋直接剪个小口子就可以了。

· 想做原味的墨西哥面包就不要加咖啡奶液了，面包里也可以再包入一些馅料。

美式原味贝果

口味：甜　　份数：5

制作
120 分钟

烘烤
15~18 分钟

贝果曾是一款流行于欧洲的面包，后来被犹太移民带入北美，成为受美国人欢迎的面包。贝果之于纽约，大概如同法棍之于巴黎。

面团材料

高筋面粉250克
酵母3克
细砂糖10克
盐4克
无盐黄油5克
水140克

糖水

水1000克
细砂糖50克

做法

➤ 将面团材料中除无盐黄油以外的所有材料混合 **1**，揉成光滑的面团，加入软化黄油，继续揉至能拉出较薄但不结实膜的扩展阶段。

➤ 将面团分成5份，滚圆后盖上保鲜膜松弛15分钟，将松弛好的面团擀成长橄榄形 **2**，翻面，两端对折，捏紧收口，搓长一些，长度约22厘米 **3**。

➤ 用擀面杖将长条的一端擀薄，另一端搓细一点 **4**。

➤ 将细的一端放在擀薄的地方 **5**，对接成圆形，收口处向上，一点点捏紧 **6**。

➤ 依次处理好所有面团，收口朝下，摆放在剪成小块的油纸上 **7**，放在温暖湿润处发酵20~30分钟。

➤ 在面团即将发酵好的时候准备煮糖水，同时预热烤箱，将细砂糖和水混合，大火烧开，看见水底出现小气泡后转最小火，维持80~90℃的温度。

➤ 将发酵好的面团放入糖水锅中 **8**，两面各煮25~30秒后捞出 **9**，依次煮好所有的面团。

➤ 烤箱预热到200℃，中层烤15~18分钟，中途注意观察上色，可加盖锡纸防止表层烤焦。

Tips

· 想要贝果中间圈大的话，面团要搓到26~28厘米，面团整形时一定要捏紧收口，不然发酵后容易断开。

· 可以在烤箱里放一碗开水营造发酵的环境，根据个人烤箱设置发酵功能，温度在30~35℃之间，不可过高，进行30分钟即可。

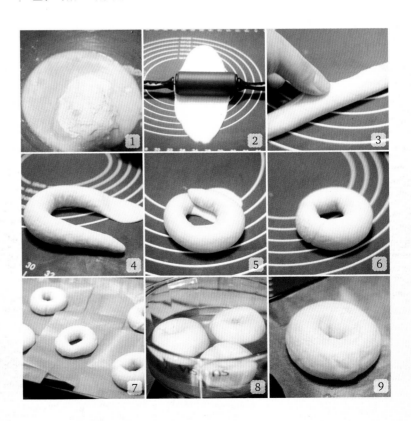

南瓜贝果

口味：甜　　份数：6

面团材料

高筋面粉220克
酵母3克
细砂糖10克
盐2克
南瓜泥75克
无盐黄油5克
水102克

糖水

水1000克
细砂糖50克

表面装饰

燕麦片适量

做法

➤ 将面团材料中除无盐黄油以外的所有材料放入面包机桶**1**，启动和面程序，揉成光滑的面团**2**，加入软化黄油，继续揉至能拉出较薄但不结实膜的扩展阶段。

➤ 将面团分成6份，滚圆后盖上保鲜膜，松弛15分钟，将松弛好的面团擀成长橄榄形**3**，将两端朝中间折**4**，捏紧收口**5**。

➤ 搓长一些，长度约22厘米**6**。用擀面杖将长条的一端擀薄**7**，另一端搓细一点。

➤ 将细的一端放在擀薄的地方，对接成圆形，一点点捏紧收口处**8**，头部向上多放一点，包出来才能粗细均匀**9**。

➤ 依次处理好所有的面团，将收口朝下摆放，放在温暖湿润处醒发20~30分钟**10**。

➤ 将细砂糖和水混合，大火烧开，看见水底出现小气泡后转最小火，维持80~90℃的温度，将发酵好的面团放入糖水锅中**11**，两面各煮25~30秒，捞出沥干多余水分，摆放在烤盘中。

➤ 依次煮好所有面团，趁面团表面湿润的时候撒上燕麦片**12**，烤箱预热到200℃，中层烤15~18分钟即可。

花生酱贝果

制作
110 分钟

烘烤
15~18 分钟

🧂 口味：甜　　🍪 份数：5

面团材料

高筋面粉 250 克
酵母 3 克
细砂糖 10 克
盐 4 克
无盐黄油 5 克
水 150 克

糖水

水 1000 克
细砂糖 50 克

夹馅

花生酱 50 克

表面装饰

黑芝麻少许

做法

▶ 将面团材料中除无盐黄油以外的所有材料混合 **1**，揉成光滑的面团，加入软化黄油，继续揉至扩展阶段。

▶ 将面团分成 5 等份，滚圆 **2**，盖上保鲜膜，松弛 15 分钟。将松弛好的面团擀成长橄榄形，抹上花生酱 **3**，两端对折后捏紧收口 **4**，搓长一些，长度约 22 厘米。

▶ 用擀面杖将长条的一端擀薄，另一端搓细 **5**。将细的一端放在擀薄的地方，对接成圆形 **6**，一点点捏紧收口处，头部要向上多放一点，包出来才能粗细均匀 **7**。

▶ 依次处理好所有面团，将收口朝下，摆放在剪成小块的油纸上，放在温暖湿润处醒发 20~30 分钟 **8**。

▶ 将细砂糖和水混合，大火烧开，看见水底出现小气泡后转最小火，维持 80~90℃ 的温度，将发酵好的面团放入糖水锅中 **9**，两面各煮 25~30 秒后捞出。摆放在烤盘中沥干多余水分 **10**，依次煮好所有的面团，趁面团表面湿润的时候撒上黑芝麻 **11**。

▶ 烤箱预热到 200℃，中层烤 15~18 分钟，中途注意观察上色，可加盖锡纸防止表层烤焦。

附录: 了不起的酱料

香浓花生酱

准备好

花生米500克、细砂糖适量、花生油2汤匙

做法

➤ 花生米洗干净、晾干, 放入炒锅中, 小火(不加油)翻炒, 保证花生米受热均匀。

➤ 将炒熟的花生米放入搅拌机中, 加适量细砂糖。

➤ 启动搅拌机, 搅打成粉末状。

➤ 加入2汤匙花生油, 继续搅打, 香浓的花生酱就做好了。

Tips

·炒花生时如果把握不准花生米是否炸熟, 可以通过是否有啪啪的声音来判断, 或者用手取一粒花生米搓一下, 皮和瓤能脱离, 就说明花生米熟了。

沙拉酱

准备好

鸡蛋黄1个、植物油225克、白醋25克、糖粉25克

做法

➤ 鸡蛋黄里加入糖粉, 用打蛋器打发至鸡蛋黄体积膨胀、颜色变浅, 呈浓稠状。

➤ 加入少许植物油, 并用打蛋器搅打, 使两者完全融合。

➤ 当蛋黄糊开始变得黏稠, 继续少量地加入植物油, 不停打发至融合。当蛋黄糊变得浓稠难打的时候, 加少量白醋搅打。

➤ 加入醋以后, 碗里的酱会变得稀一些, 继续重复加植物油的步骤。

➤ 当酱变得比较浓稠难打的时候, 再添加一点白醋。植物油和白醋全部添加完, 颜色变成乳白色, 沙拉酱就制作完成了。

苹果果酱

准备好

苹果2个、柠檬半个、细砂糖150克、淡盐水适量

做法

➤ 苹果洗净后去皮和核,切成小丁,用淡盐水浸泡10分钟。

➤ 将苹果丁放入锅中,小火翻炒至苹果丁稍变软。

➤ 将炒软的苹果丁放入搅拌机中,搅打成苹果泥,再次倒入锅中,加入细砂糖。

➤ 再挤入半个柠檬汁。

➤ 中小火煮至稍冒泡的状态。

➤ 转小火继续煮至水分收干。

➤ 装入开水消毒后并且无油无水的容器中,放冰箱冷藏保存。

樱桃果酱

准备好

樱桃600克(去核后500克)、细砂糖40克、冰糖100克、柠檬半个、淡盐水适量

做法

➤ 事先将樱桃用淡盐水浸泡20分钟,然后冲洗干净。

➤ 将樱桃去掉蒂和果核(去果核时用小刀在樱桃上划一刀,掰开再挖掉核)。

➤ 加入细砂糖,拌匀腌1小时。

➤ 再挤入柠檬汁。

➤ 倒入冰糖,开大火烧开,撇去浮沫。

➤ 转中小火慢慢熬至黏稠即可。

香草蜜桃果酱

准备好

蜜桃4个（约800克，去皮核后700克）、香草豆荚半根、细砂糖200克、柠檬半个

做法

▶ 将蜜桃洗净去皮，切成小丁，加细砂糖拌匀 **1**，再加入柠檬汁拌匀 **2**。

▶ 盖上保鲜膜腌30分钟以上 **3**。

▶ 用料理机将蜜桃丁和腌出的水分一起搅打成带有颗粒状的桃泥 **4**。

▶ 将桃泥倒入面包机桶内，将香草豆荚刮出籽，连同豆荚一起放入桶内 **5**。

▶ 启动面包机果酱模式，程序结束后，果酱呈浓稠状即制作完成 **6**。

▶ 玻璃瓶洗净后用沸水煮一下消毒，沥干水分，趁热将果酱装入瓶中，倒扣，放凉后冷藏即可。

Tips

· 若喜欢带有颗粒感的果酱，搅打时间不要过长，保留一些水果丁，口感更好。

蜜豆馅

准备好

红豆300克、细砂糖70克

做法

- 红豆用清水浸泡4小时以上。
- 加水没过豆子，大火煮沸。
- 倒掉锅里的水，重新加水，继续煮沸。
- 盖上锅盖，转小火焖煮约40分钟。
- 加入细砂糖拌匀。
- 继续焖煮至水分收干、豆子软烂。

Tips

· 第一遍煮沸的水倒掉不要，可以去除豆腥味，煮出来的蜜豆口感更好。

· 如果用高压锅来煮红豆，水量没过红豆约1厘米，上汽后小火压20分钟左右。

· 如果做豆沙馅的话，用勺子将煮好的豆子碾压成泥即可。如果水收得不够干，可以将压好的豆沙放入锅中，翻炒至水分收干。炒的时候可以再加一些植物油，豆沙吃起来口感更顺滑。

叉烧馅

准备好

五花肉200克、叉烧酱20克、料酒1/2汤匙、蚝油1/2汤匙、酱油1/2汤匙、蜂蜜1汤匙、玉米淀粉1汤匙、南乳汁1/2汤匙、植物油适量

做法

- 将叉烧酱、料酒、蚝油、酱油和1/2汤匙蜂蜜混合，制成腌料。
- 将五花肉洗净切小块，与腌料混合拌匀，冷藏腌12小时以上。
- 取出腌好的五花肉，抹少许蜂蜜。
- 放入烤箱中层，200℃烤约25分钟，翻面后再抹少许蜂蜜，再烤25分钟。
- 取出烤好的五花肉，切成小粒。
- 锅里倒少许植物油，放入切好的叉烧粒，再加入腌五花肉剩余的腌料和南乳汁，翻炒均匀。
- 将玉米淀粉加少许水，调成芡汁后倒入锅中，翻炒至芡汁黏稠，最后加蜂蜜拌匀。

图书在版编目（CIP）数据

烘焙面包一次成功 / 薄灰著 . -- 南京 : 江苏凤凰科学技术出版社，2018.5
（汉竹 • 健康爱家系列）
ISBN 978-7-5537-9068-8

Ⅰ.①烘… Ⅱ.①薄… Ⅲ.①面包－烘焙 Ⅳ.① TS213.21

中国版本图书馆 CIP 数据核字（2018）第 043552 号

中国健康生活图书实力品牌

烘焙面包一次成功

著 者	薄 灰	
主 编	汉 竹	
责 任 编 辑	刘玉锋	姚 远
特 邀 编 辑	徐键萍	许冬雪
责 任 校 对	郝慧华	
责 任 监 制	曹叶平	方 晨

出 版 发 行	江苏凤凰科学技术出版社
出 版 社 地 址	南京市湖南路 1 号 A 楼，邮编：210009
出 版 社 网 址	http://www.pspress.cn
印 刷	南京新世纪联盟印务有限公司

开 本	787 mm×1 092 mm　1/16
印 张	13
字 数	150 000
版 次	2018 年 5 月第 1 版
印 次	2018 年 5 月第 1 次印刷

标 准 书 号	ISBN 978-7-5537-9068-8
定 价	49.80 元

图书如有印装质量问题，可向我社出版科调换。